树莓派智能小车嵌入式系统开发实战

刘扬 马兴录 赵振 等 编著

清华大学出版社

北京

内 容 简 介

本书基于树莓派智能小车的嵌入式应用开发进行讲解，主要内容包括树莓派智能小车介绍、图形化编程软件、机器人迷宫导航模拟器、迷宫导航算法、智能小车C语言编程、深度学习框架、树莓派机器视觉开发和语音识别开发。本书既注重基础知识的讲解，又关注IT前沿技术发展的趋势，内容全面，具有极高的前瞻性和适用性。

本书叙述通俗易懂，书中的案例全部经过反复测试，详实可靠，并有课程教学网站http://u.eec-cn.com/ti/thf/resourceStore/theroryCourse提供配套支持，既可以作为普通高校计算机嵌入式实训课程的教材，也可以作为职业培训教育的参考用书。

本书封面贴有清华大学出版社防伪标签，无标签者不得销售。

版权所有，侵权必究。举报：010-62782989，beiqinquan@tup.tsinghua.edu.cn。

图书在版编目(CIP)数据

树莓派智能小车嵌入式系统开发实战/刘扬等编著. —北京：清华大学出版社，2020.8（2024.8重印）
 ISBN 978-7-302-56019-7

Ⅰ.①树… Ⅱ.①刘… Ⅲ.①机器人－程序设计－教材 Ⅳ.①TP242

中国版本图书馆CIP数据核字(2020)第127116号

责任编辑：谢 琛
封面设计：常雪影
责任校对：梁 毅
责任印制：刘海龙

出版发行：清华大学出版社
　　　　网　　址：https://www.tup.com.cn，https://www.wqxuetang.com
　　　　地　　址：北京清华大学学研大厦A座　　邮　　编：100084
　　　　社 总 机：010-83470000　　　　　　　　邮　　购：010-62786544
　　　　投稿与读者服务：010-62776969，c-service@tup.tsinghua.edu.cn
　　　　质量反馈：010-62772015，zhiliang@tup.tsinghua.edu.cn
　　　　课件下载：https://www.tup.com.cn，010-83470236
印 装 者：天津鑫丰华印务有限公司
经　　销：全国新华书店
开　　本：185mm×260mm　　　印　　张：8.75　　　字　　数：208千字
版　　次：2020年9月第1版　　　　　　　　　　印　　次：2024年8月第5次印刷
定　　价：39.00元

产品编号：081998-01

前　　言

随着新兴产业的不断发展和传统产业的升级改造,对具有多学科知识融合、工程实践和创新能力的专业人才的需求日益迫切。当前,计算机本身对 IT 类专业的学生已不再具有吸引力,而作为新兴产业代表的机器人,综合了多学科的发展成果,融合了多种先进技术,引入机器人教学不仅能够将自主移动、语音识别、机器视觉、定位导航等人工智能技术在机器人上进行全方位的创新组合,也为大学的信息技术课程注入了新的活力,有利于全面培养大学生综合能力和信息素养。

本教材以青岛科技大学自主研发的机器人教学平台为基础,融机器人、人工智能、软件开发等知识于一体,旨在克服软件工程、计算机科学与技术、人工智能科学与技术、机器人工程等专业的传统教学模式中存在的弊端,以提高学生学习兴趣和综合运用知识的能力为目标。

本教材在写作上力求概念准确、论述严谨,不仅对基本概念进行细致的描述,而且对相关的技术细节进行罗列和演示,让读者明白"是什么""为什么"的同时也明白"怎么做"。

本教材共 4 章内容,其中第 1 章为树莓派智能小车介绍,介绍了树莓派智能小车的硬件结构、核心控制板的性能参数、树莓派操作系统的安装过程、树莓派和智能小车之间的连接方法以及计算机和树莓派之间的文件传输;第 2 章为智能小车图形化编程,介绍了图形化编程的基本概念、VIPLE 的下载和安装过程、VIPLE 的活动和服务、有限状态机的 VIPLE 实现、迷宫导航算法的原理和实现、Unity 模拟器和 Web 2D 模拟器以及基于树莓派智能小车的迷宫导航;第 3 章为智能小车 C 语言编程,介绍了 wiringPi 库、智能小车的固定速度和可变速度的移动控制、超声波传感器的工作原理和实现以及迷宫导航和循迹的应用案例;第 4 章为树莓派人工智能应用开发,介绍了 TensorFlow 深度学习框架的编程原理和搭建步骤、树莓派的图形化界面的访问方式、树莓派摄像头的调用方法、机器视觉案例以及语音识别案例。

为方便教师教学和学生学习,本教材还提供了 PPT 教学课件、教学视频、源代码、教学大纲以及实验指导。

在本教材的编写过程中,青岛科技大学的石艳敏、魏康威、杜泽厚、李泽等同学参加了有关程序的调试工作和文字校对工作;清华大学出版社对教材的出版做了精心策划和充分论证,在此表示衷心的感谢!

因编者水平有限,书中错误在所难免,恳请批评指正。

编 者

2020 年 3 月

目　　录

第 1 章　树莓派智能小车介绍 ··· 1
　1.1　树莓派智能小车硬件结构 ·· 1
　1.2　性能参数 ··· 1
　1.3　树莓派系统安装和环境配置 ··· 3
　　1.3.1　树莓派操作系统的安装 ·· 3
　　1.3.2　树莓派智能小车的连接 ·· 5
　　1.3.3　PC 和树莓派的文件传输 ·· 6

第 2 章　智能小车图形化编程 ··· 7
　2.1　图形化编程简介 ··· 7
　2.2　ASU VIPLE 入门 ·· 10
　　2.2.1　VIPLE 的下载与安装 ··· 11
　　2.2.2　VIPLE 的基本活动和服务 ··· 12
　2.3　事件驱动编程 ·· 24
　　2.3.1　有限状态机 ··· 24
　　2.3.2　有限状态机的 VIPLE 实现 ·· 26
　2.4　迷宫导航算法 ·· 27
　　2.4.1　贪心算法 ·· 27
　　2.4.2　两距离局部最优算法 ·· 27
　　2.4.3　沿右侧墙算法 ·· 27
　2.5　Unity 模拟器 ··· 28
　　2.5.1　机器人移动控制 ··· 29
　　2.5.2　两距离局部最优算法的实现 ··· 30
　　2.5.3　沿右侧墙算法的实现 ·· 31
　2.6　Web 2D 模拟器 ·· 33
　　2.6.1　理解迷宫算法 ·· 33

         2.6.2　机器人移动控制 ……………………………………………………… 35
         2.6.3　两距离局部最优算法的实现 ………………………………………… 37
         2.6.4　沿右侧墙算法的实现 ………………………………………………… 40
   2.7　智能小车迷宫导航 ……………………………………………………………… 43
         2.7.1　智能小车的移动控制 ………………………………………………… 44
         2.7.2　智能小车传感器的使用 ……………………………………………… 47
         2.7.3　智能小车迷宫导航实现 ……………………………………………… 48

第 3 章　智能小车 C 语言编程 …………………………………………………………… 50

   3.1　wiringPi 库的介绍 ………………………………………………………………… 50
   3.2　智能小车移动控制 ……………………………………………………………… 52
         3.2.1　固定速度移动控制 …………………………………………………… 52
         3.2.2　可变速度移动控制 …………………………………………………… 53
         3.2.3　程序的编译和运行 …………………………………………………… 54
   3.3　超声波传感器的使用 …………………………………………………………… 56
         3.3.1　传感器的连接 ………………………………………………………… 56
         3.3.2　工作原理 ……………………………………………………………… 57
         3.3.3　程序实现 ……………………………………………………………… 58
   3.4　红外和循迹传感器的使用 ……………………………………………………… 59
   3.5　应用案例 ………………………………………………………………………… 60
         3.5.1　基于超声波传感器的迷宫导航 ……………………………………… 60
         3.5.2　基于红外传感器的迷宫导航 ………………………………………… 63
         3.5.3　二路循迹的实现 ……………………………………………………… 65

第 4 章　树莓派人工智能应用开发 ……………………………………………………… 69

   4.1　TensorFlow 开发环境 …………………………………………………………… 70
         4.1.1　TensorFlow 开发环境介绍 …………………………………………… 70
         4.1.2　TensorFlow 开发环境的搭建 ………………………………………… 71
         4.1.3　TensorFlow 开发环境的编程 ………………………………………… 78
   4.2　机器视觉应用开发 ……………………………………………………………… 86
         4.2.1　树莓派图形化界面的访问 …………………………………………… 86
         4.2.2　摄像头的安装与配置 ………………………………………………… 93
         4.2.3　OpenCV 的安装与编译 ……………………………………………… 95
         4.2.4　TensorFlow 的下载与安装 …………………………………………… 100
         4.2.5　机器视觉应用开发案例 ……………………………………………… 102

4.3 语音识别应用开发 …………………………………………………… 119
    4.3.1 语音识别开发环境介绍 ………………………………………… 119
    4.3.2 基本环境的搭建 ………………………………………………… 120
    4.3.3 基于 SDK 的语音识别 …………………………………………… 123
    4.3.4 本地语音识别 …………………………………………………… 125

第 1 章　树莓派智能小车介绍

1.1　树莓派智能小车硬件结构

树莓派智能小车主要由一块树莓派第三代 B+型核心控制板、四个直流减速电机、两节 18650 锂电池、三个超声波测距传感器、两个不怕光红外避障传感器和两个位于底部的循迹光传感器组成,如图 1-1 所示。

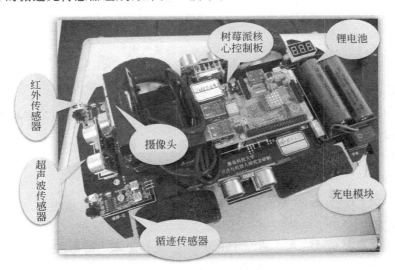

图 1-1　树莓派智能小车组成

1.2　性 能 参 数

1. 核心控制板

智能小车核心控制板采用树莓派第三代 B+型(3B+)主板,它是一款基于 ARM 的微型计算机主板,其系统基于 Linux,以 SD/MicroSD 卡为存储介质。主板周围有 4 个 USB 接口和一个以太网接口,可连接键盘、鼠标和网线,同时拥有视频模拟信号的电视输出接口和 HDMI 高清视频输出接口。以上部件全部整合在一张仅比信用卡稍大的主板上,具备所有 PC 的基本功能,只需接通电视机和键盘,就能执行如电子表格处理、文字处理、玩游戏、播放高清视频等诸多功能。

树莓派 3B+ 的配置如图 1-2 所示。

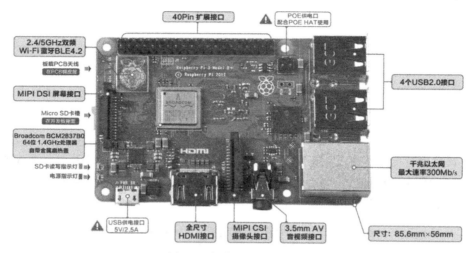

图 1-2 树莓派核心板组成

2. 电机

(1) 使用 L298N 电机驱动芯片,可直接驱动智能小车底盘四个电机并可提供 PWM 使能信号。

(2) 1∶48 抗干扰直流减速电机,工作电压为 3~6V。

3. 电源

(1) 使用 LM2596S 开关电源稳压电路,支持 6~12V 宽电压输入,5V 输出。

(2) 使用 1 个船型电源控制开关对整个系统进行电源管理。

(3) 使用两节 5000mA 大容量 18650 电池,支持小车持续运转 3 小时以上。

(4) 带电池充电模块,可边充电边使用。

4. 红外传感器

(1) 抗干扰性能强,在室外阳光直射下也能正常工作,实现精确避障。

(2) 探测距离为 1~30cm,探测距离的长短和供电电压、电流与周围环境有关。

5. 光传感器

(1) 工作电压 3~5V,工作电流 20~40mA。

(2) 探测距离为 2~10cm,探测距离的长短和供电电压、电流还有周围环境有关。

6. 超声波传感器

(1) 工作电压 5V,工作电流小于 2mA。

(2) 感应角度:不大于 15°,探测距离为 2~450cm。

1.3 树莓派系统安装和环境配置

1.3.1 树莓派操作系统的安装

(1) 从树莓派官网(https://www.raspberrypi.org/downloads/)下载树莓派系统。

(2) 将系统压缩包解压后复制到 SD 卡上,插上网线和 HDMI 显示器,上电启动系统。

(3) 为了使 PC 能够通过 Wi-Fi 连接树莓派智能小车,需要为树莓派安装无线 AP(Access Point)。

① 登录 https://codeload.github.com/oblique/create_ap.git,单击 Clone or download 按钮进行下载,如图 1-3 所示。

图 1-3 无线 AP 下载界面

② 打开树莓派终端进行解压:unzip create_ap-master.zip。

③ 输入 cd create_ap,然后输入 sudo make install 完成安装。

（4）安装依赖库：sudo apt-get install util-linux procps hostapd iproute2 iw haveged dnsmasq。

（5）设定热点名称和登录密码。

① 输入 vim /etc/rc.local，按 I 键切换到文本模式。

② 将“sudo create_ap wlan0 eth0（设定的热点名称）（设定的密码）”写入文件末尾。

③ 按 Esc 键切换到命令模式，输入“wq”，按回车键，然后重新启动系统。

（6）为了实现 C 语言对智能小车的控制，需要为树莓派安装 wiringPi 库。

① 打开链接 https://git.drogon.net/?p=wiringPi;a=summary，如图 1-4 所示。

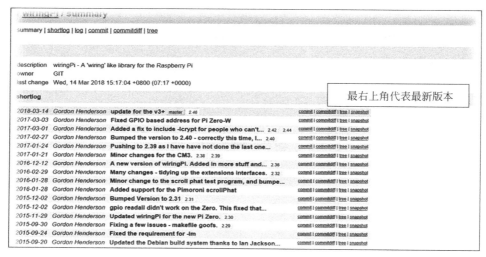

图 1-4 wiringPi 函数库下载

② 压缩包下载：单击最右上角的 snapshot 下载 wiringPi-8d188fa.tar.gz。

③ 压缩包解压：在树莓派终端输入 tar -xzf wiringPi-8d188fa.tar.gz。

④ 切换目录：在树莓派终端输入 cd wiringPi-8d188fa。

⑤ 编译：在树莓派终端输入./build。

⑥ 检查 wiringPi 是否安装成功：在树莓派终端输入 gpio -v，如果得到如图 1-5 所示结果即安装成功。

```
pi@raspberrypi:~/picode/wiringPi$ gpio -v
gpio version: 2.20
Copyright (c) 2012-2014 Gordon Henderson
This is free software with ABSOLUTELY NO WARRANTY.
For details type: gpio -warranty

Raspberry Pi Details:
  Type: Model B+, Revision: 1.2, Memory: 512MB, Maker: Sony
```

图 1-5 wiringPi 安装结果

(7) 安装 boost 库,供中间件 C++代码使用,输入 sudo apt-get install libboost-all-dev。

1.3.2 树莓派智能小车的连接

安装好无线 AP 之后就可以使用 PC 通过 Wi-Fi 连接树莓派智能小车了。

(1) 在 PC 的无线网络列表中找到树莓派智能小车对应的热点名称进行连接,如图 1-6 所示。

图 1-6　无线网络列表

(2) 打开远程桌面连接(在 cmd 中输入"mstsc"),输入"192.168.12.1"进行连接,如图 1-7 所示。

图 1-7　远程桌面连接

（3）在树莓派登录窗口中输入用户名"pi"，密码"raspberry"，单击 OK 按钮，即可远程登录到树莓派系统，如图 1-8 所示。

1.3.3 PC 和树莓派的文件传输

PC 和树莓派之间可以通过 FTP 软件进行文件传输，下面以免费 FTP 软件 FileZilla 为例。

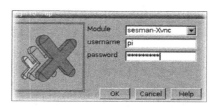

图 1-8 树莓派登录界面

（1）打开 FileZilla，主机填入"192.168.12.1"，用户名填入"pi"，密码填入"raspberry"，端口填入"22"，然后单击"快速连接"按钮，如图 1-9 所示。

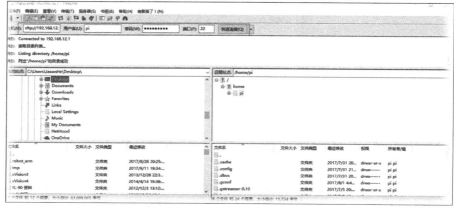

图 1-9 FileZilla 界面

（2）连接成功之后，左边本地站点代表 PC 的文件目录，右边远程站点代表树莓派的文件目录，通过拖曳或者单击鼠标右键选择"上传"或者"下载"的方式可实现 PC 与树莓派智能小车之间的文件传输，如图 1-10 所示。

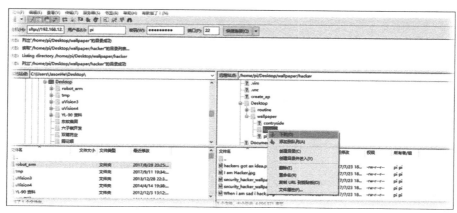

图 1-10 文件传输

第 2 章　智能小车图形化编程

2.1　图形化编程简介

图形化编程,即可视化程序设计,是以"所见即所得"的编程思想为原则,力图实现编程工作的可视化,即随时可以看到结果,程序与结果的调整同步。可视化编程是与传统的编程方式相比而言的,这里的"可视",指的是无须编程,程序设计人员利用软件本身所提供的各种控件,像搭积木式地构造应用程序的各种界面。可视化程序设计最大的优点是设计人员可以不用编写或只需编写很少的程序代码,就能完成应用程序的设计,这样就能极大地提高设计人员的工作效率。

目前已经有许多优秀的用于计算和工程领域的图形化编程环境。

(1) MIT 的 Scratch。Scratch 是一款由麻省理工学院(MIT)设计开发的面向青少年的简易编程工具。针对 8 岁以上孩子们的认知水平以及对于界面的喜好,MIT 做了相当深入的研究和颇具针对性的设计开发,不仅易于孩子们使用,又能寓教于乐,让孩子们获得创作中的乐趣。Scratch 的下载和使用是完全免费的,并提供 Windows 系统、苹果系统、Linux 系统下的运行版本,其界面如图 2-1 所示。

图 2-1　Scratch 图形化界面

（2）CMU 的 Alice。Alice 项目是美国卡耐基·梅隆大学的一个学术性的项目，目标是帮助十几岁的青少年在 3D 环境下编写计算机程序。Alice 提供了一个 3D 的虚拟世界，包含物体和虚拟化身，它采用阶梯式的方法为用户提供了一个下拉列表来选择可用的函数。学生可以把图片贴到一个物体上，还可以给物体增加简单的动作和脚本。Alice 广泛地用于中学课程中的电影制作和游戏开发，其界面如图 2-2 所示。

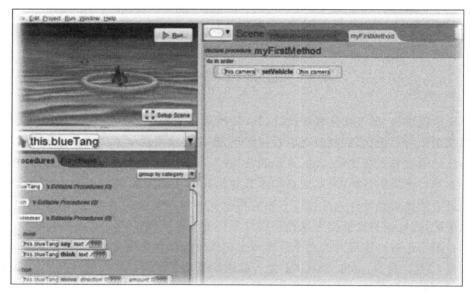

图 2-2 Alice 图形化界面

（3）Lego EV3。Lego(乐高)EV3 机器人提供了专门的可视化编程环境，通过"拖拉拽"就可以完成像高级语言一样的条件判断与循环分支逻辑。通过蓝牙或者无线网络就可以直接连接到乐高机器人的"大脑"来控制各传感器之间的协调工作。如果测试有问题，则可以快速修改程序并重新启动来看到效果，其界面如图 2-3 所示。

（4）APP Invertor。用户能够通过该工具软件使用 Google 的 Android 系列软件自行研发适合手机使用的任意应用程序。这款编程软件的用户不一定非要是专业的研发人员，甚至根本不需要掌握任何的编程知识，因为这款软件已经事先将软件的代码全部编写完毕，用户只需要根据自己的需求向其中添加服务选项即可。也就是用户所要做的只是写简单的代码拼装程序，其界面如图 2-4 所示。

（5）VPL(Visual Programming Language)。VPL 是一种基于图形数据流编程模型的应用程序开发环境。数据流程序更像是装配线上的一系列工人，而不是按顺序执行的一系列命令，它们在材料到达时执行分配的任务。因此，VPL 非常适合于对各种并发或分布式处理场景进行编程。VPL 的目标用户是对变量和逻辑等概念有基本了解的初级程序员。然而，VPL 并不仅限于新手，而是可能会吸引更高级的

第2章　智能小车图形化编程

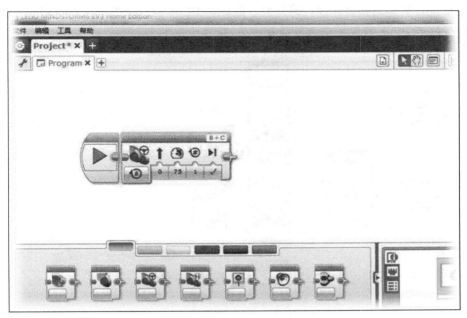

图 2-3　Lego EV3 图形化界面

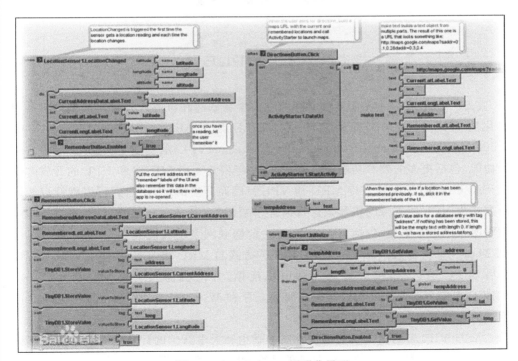

图 2-4　App Inventor 图形化界面

程序员进行快速原型设计或代码开发。因此，VPL 可能会吸引大量用户，包括学生、编程爱好者、Web 开发人员和专业程序员，其界面如图 2-5 所示。

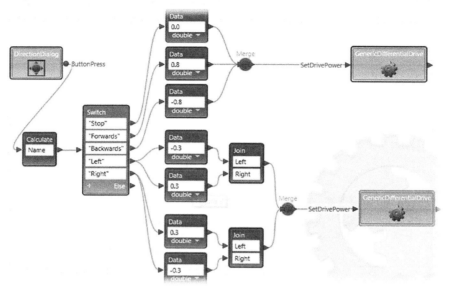

图 2-5　VPL 图形化界面

2.2　ASU VIPLE 入门

ASU VIPLE 是由美国亚利桑那州立大学物联网和机器人教育实验室开发的可视化物联网/机器人编程语言环境，VIPLE 基于 Microsoft Robotics Developer Studio(MRDS)和 Visual Programming Language(VPL)的功能定义，并扩展了它们的功能，包括更多的教育功能。微软在 2012 年停止了对 MRDS 和 VPL 的开发和支持。ASU VIPLE 是为支持 MRD 和 VPL 社区而开发的，因此它们可以继续以相同的方式为 VPL 所支持的机器人进行编程。ASU VIPLE 有开放的 API，它支持多种物联网和机器人平台，包括 EV3 和开放平台物联网系统和机器人，如基于英特尔和 ARM 架构的机器人。ASU VIPLE 的工作方式与 MRD 和 VPL 相同。VIPLE 程序在后端 PC 上运行，接收传感器和电机反馈，并向机器人电机发送命令。ASU VIPLE 支持个人计算机和机器人之间的蓝牙和 Wi-Fi 连接，PC 和 IoT/Robot 之间传输的数据被打包成 JSON 对象。

ASU VIPLE 的基本功能可以在高中学生和大学新生的计算思维和工程入门课程中教授。其高级功能，如面向服务的计算、并行计算、机器学习和人工智能编程、自主驾驶实验和 Pi 微积分表达式，可以用于高级计算类。ASU VIPLE 是一个面向服务的软件开发环境，用于设计物联网以及基于多种硬件平台的机器人创建简易服务。

其想法是让开发者绘制目标应用程序的流程图,而开发过程就是拖曳代表各个组件和服务的模块并将它们连接起来。这个简单的编程过程能让用户在几分钟内创建自己的机器人应用程序。

2.2.1 VIPLE 的下载与安装

1. 安装步骤

VIPLE 是免费的,可以从 http://neptune.fulton.ad.asu.edu/VIPLE 下载。

(1) 单击 ASU VIPLE Standard Edition Installer,如图 2-6 所示。

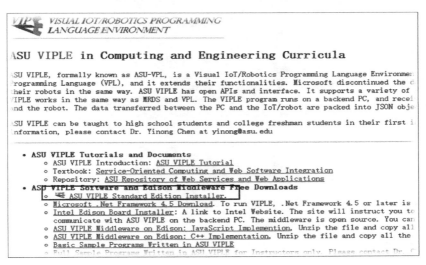

图 2-6　VIPLE 下载界面

(2) 在弹出的页面单击 Install 按钮,如图 2-7 所示。

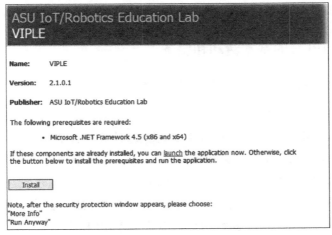

图 2-7　VIPLE 安装界面

(3) 按照提示完成安装步骤。VIPLE界面包括顶部的菜单栏区域、左侧的基本活动和服务区域、中间的工作区域和右侧的参数设置区域，如图2-8所示。

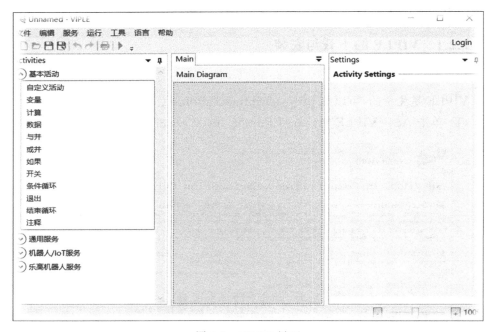

图2-8 VIPLE界面

2. 常见问题

（1）打开VIPLE软件时，提示缺少Microsoft .NET Framework组件。

解决方法：在百度搜索并下载提示中相应版本的.NET Framework即可。

（2）打开VIPLE软件时，提示应用程序格式错误。

解决方法：此问题是由于计算机没有连接网络，连接网络之后即可正常使用。

2.2.2　VIPLE的基本活动和服务

VIPLE工作界面的左侧包括基本活动和服务。

1. 基本活动

基本活动（Basic Activities）包含常量、变量、计算和控制结构等，图2-9列出了VIPLE中的基本活动。用户可以在顶部的Language菜单中进行中英文的切换。

（1）自定义活动（Activity）：自定义活动用于创建新的组件、服务、函数或其他代码模块。只需要简单地将一个自定义活动拖至图中，打开它就可以组成一个新的组件，与传统编程语言中的子函数相似。而位于VIPLE界面中间的Main Diagram与传统编程语言中的main函数相似，如图2-10所示。

第2章 智能小车图形化编程　13

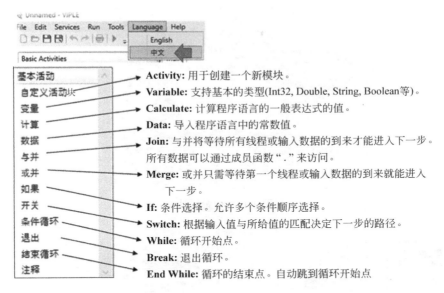

图 2-9　VIPLE 的基本活动

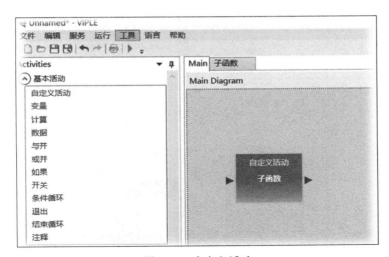

图 2-10　自定义活动

（2）变量(Variable)：程序用来存储值的地方，与传统编程语言的变量概念一致。通过单击变量活动右下方的三个点进行变量定义，如图 2-11 所示。

（3）计算(Calculate)：可以用来计算数学公式，也可用于实现字符串的拼接，如图 2-12 所示。对于数值计算可以使用加(＋)、减(－)、乘(＊)、除(/)、取余(%)；对于逻辑运算可以使用与(&&)、或(||)、非(!)。

（4）数据(Data)：数据活动可以用来给另一个活动或者服务提供一个数据，与传统编程语言中的常量相似。数据活动可以自动判断数据类型，如图 2-13 所示。

14 树莓派智能小车嵌入式系统开发实战

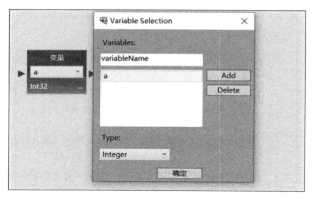

图 2-11　变量活动

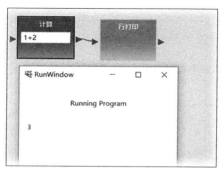

(a) 数值计算

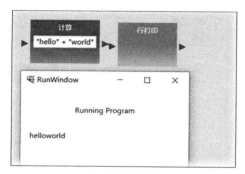

(b) 字符串计算

图 2-12　计算活动

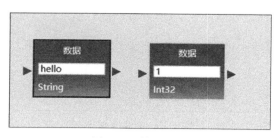

图 2-13　数据活动

（5）与并(Join)：与并活动将多个数据流输入合并，所有的输入数据必须先被接受才能被进一步处理。如图 2-14 所示，与并左侧连接了两个数据流，数据"1"赋值给了 v1，数据"2"赋值给了 v2，由于这两个数据流是并行的，因而 v1 和 v2 的赋值时间有先后，而与并操作能够保证只有当 v1 和 v2 都获得值以后才可执行下一步的"v1＋v2"计算。

（6）或并(Merge)：或并活动需要多个数据流输入，当任何一个数据流到达时就

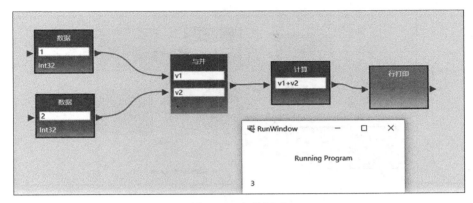

图 2-14　与并活动

会接着处理下一步，而不需要等待所有的数据流全部到达。如图 2-15 所示，或并左侧连接了两个数据流，当任何一个数据流到达以后就可以执行后面的加法操作，本例中"i=1"数据流首先到达，此时"j=2"数据流尚未到达，而变量的初始值默认为 0，因此首先计算了"1+0"，然后"j=2"数据流到达以后，由于此时 i 的值已经为 1，再次计算"1+2"，因而得到了 1 和 3 两个输出结果。

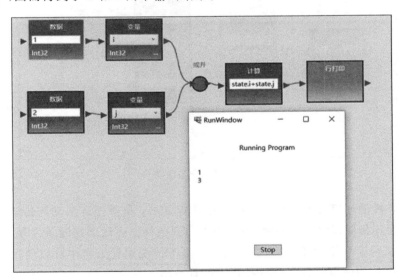

图 2-15　或并活动

(7) 如果(If)：如果活动会执行第一个判断结果为真的条件后面的程序，当所有的条件判断都为假时，则执行"否则"后面的程序。如图 2-16 所示，虽然"2>1"和"3>1"都为真，但是"2>1"是第一个判断结果为真的条件，因而执行后续的"1+1"计算。如果活动与传统编程语言中的 if 语句类似。

(8) 开关(Switch)：开关活动可以根据输入的数据进行匹配，选择相应的分支执

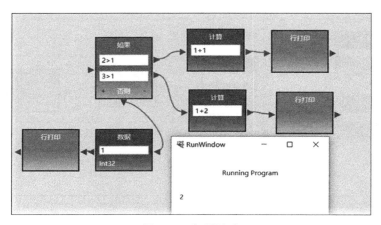

图 2-16　如果活动

行后续的程序。如图 2-17 所示，输入的数据为 1，与开关活动中的第一个分支的值相等，因而继续执行打印"2"的操作。开关活动与传统编程语言中的 switch 语句类似，可以单击活动框中的"＋"添加更多分支。

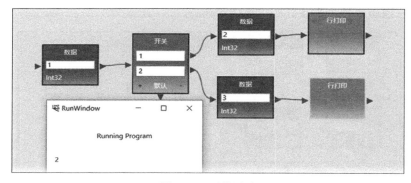

图 2-17　开关活动

（9）条件循环（While）和结束循环（End While）：条件循环活动与传统编程语言的 while 循环相似，每一轮循环结束重新返回到条件循环活动判断条件是否成立，如果成立则执行下一轮循环，否则退出循环。由于传统编程语言中可以使用"{ }"来标记循环的开始和结束位置，而 VIPLE 中没有类似的标记符号，因而要在循环结束的位置使用结束循环活动，如图 2-18 所示。

（10）退出（Break）：退出活动与传统编程语言中的 break 语句相似，表示直接退出循环，如图 2-19 所示。它必须位于循环体中，即必须出现在条件循环活动和结束循环活动之间。

（11）注释（Comment）：注释活动能够让用户添加一个文本框对程序进行注释，如图 2-20 所示。

第2章　智能小车图形化编程

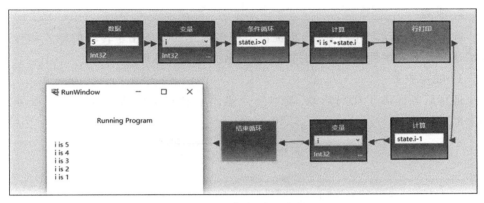

图 2-18　条件循环活动

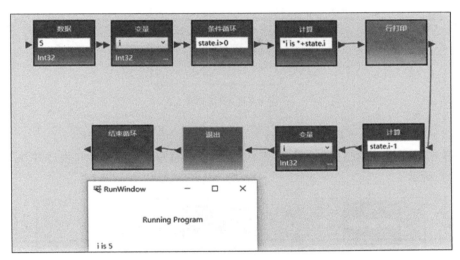

图 2-19　退出活动

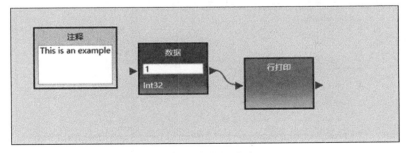

图 2-20　注释活动

2. 服务

除了基本活动之外，VIPLE 也提供了很多内建的服务用于传统的输入和输出，包括通用计算和事件服务、通用机器人服务和乐高机器人服务。

1）通用服务

通用服务提供了代码活动、基本输入输出活动和事件活动等常用的服务，如图 2-21 所示。

图 2-21　通用服务

（1）代码活动——C♯/Python。

单击代码活动，在打开的 Code Editor 中可以编写 C♯/Python 程序并执行，如图 2-22 所示。

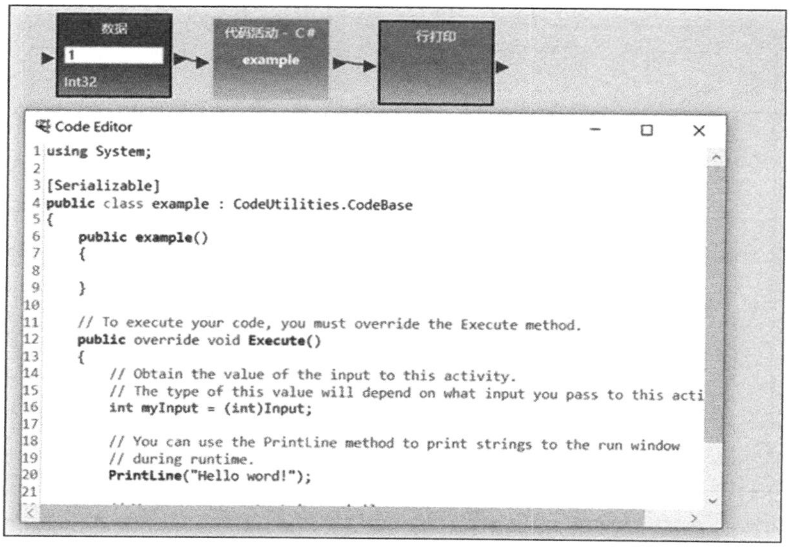

(a) 代码活动——C# 服务

图 2-22　代码活动

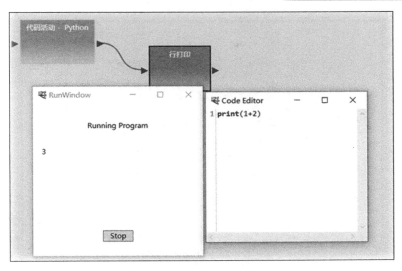

(b) 代码活动——Python 服务

图 2-22 （续）

(2) 自定义事件。

自定义事件需要与基本活动中的自定义活动配合使用，如图 2-23 所示。自定义活动有数据输出(三角)和事件输出(圆点)两种输出形式，如图 2-24 所示，当使用自定义事件时，输出数据流需要连接至右侧圆点，这样自定义活动每产生一次事件输出，则执行一次自定义事件后面的程序。

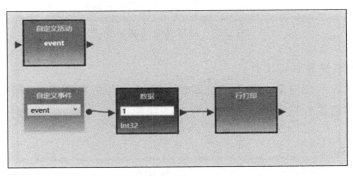

图 2-23 自定义事件服务

(3) 图形和定时器。

图形的横轴为时间，纵轴为数据的值，其作用是以图形化的方式输出数据。定时器的作用是按照设定好的时间阻断程序执行。如图 2-25 所示，定时器前面要连接数据活动，数据的单位为毫秒，此程序表示变量 i 在图形中输出以后要等待 1 秒才返回到条件循环活动进行下一次的循环判断。

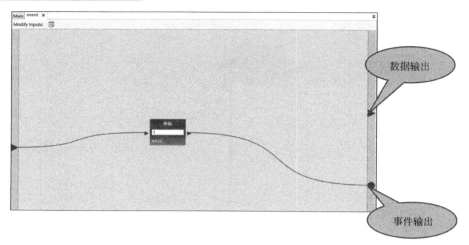

图 2-24 自定义活动

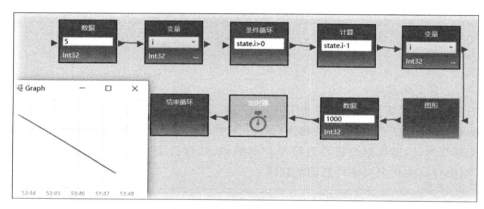

图 2-25 图形和定时器服务

(4) 按键事件和释键事件。

按键事件表示按键盘上某个按键则执行按键事件后面的程序；释键事件表示松开键盘的按键则执行释键事件后面的程序。如图 2-26 所示，按 A 键则输出 1，松开按键输出 2。

(5) 行打印。

行打印与传统编程语言中的 printf 函数相似，用于将数据输出到 RunWindow 中，如图 2-27 所示。

(6) 随机。

随机会生成一个小于输入数据的随机整数，如图 2-28 所示。

(7) RESTful 服务。

服务不仅可以存储在本地计算机，也可以存储在远程的服务器上。RESTful 服务通过指定 URL 可以访问远程服务器上的服务，如图 2-29 所示。

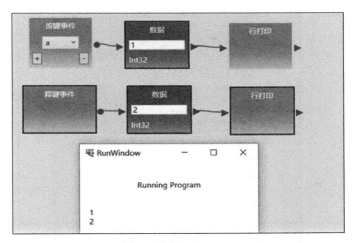

图 2-26　按键事件和释键事件服务

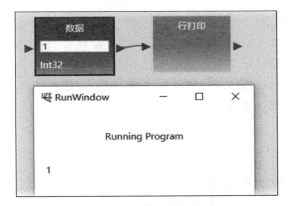

图 2-27　行打印服务

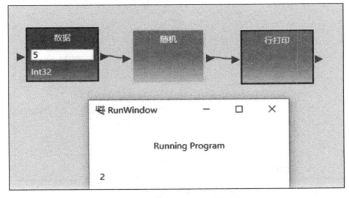

图 2-28　随机服务

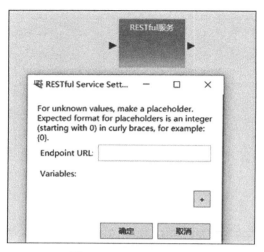

图 2-29 RESTful 服务

（8）简单的对话。

简单的对话包括 AlertDialog 和 PromptDialog 两种类型，分别对应数据的输出和输入服务。AlertDialog 将数据输出到 SimpleDialog 窗口中，而与此相似的行打印是将数据输出到 RunWindow 中，如图 2-30 所示。PromptDialog 会提示用户在 InputDialog 窗口中输入数据，然后将输入的数据传递到简单对话服务后面的程序中，如图 2-31 所示。

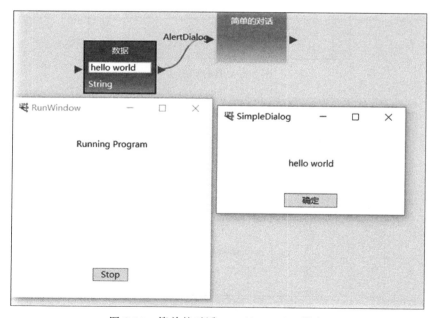

图 2-30 简单的对话——AlertDialog 服务

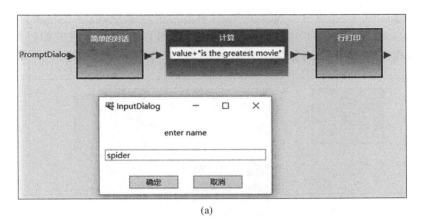

图 2-31 简单的对话——PromptDialog 服务

(9) 文字转语音。

VIPLE 不仅支持文本输出、图形输出,同时也支持文字转语音输出,如图 2-32 所示。

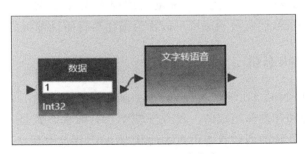

图 2-32 文字转语音服务

2) 机器人/IoT 服务

机器人/IoT 服务基于面向对象的思想,首先建立对象(机器人主机),然后再确定对象的属性和方法(机器人光传感器、机器人距离传感器、机器人触觉传感器和机器人电机),如图 2-33 所示。机器人/IoT 服务既可以控制模拟器中的机器人,也可以控制树莓派智能小车,具体使用方法会在后续章节中做详细介绍。

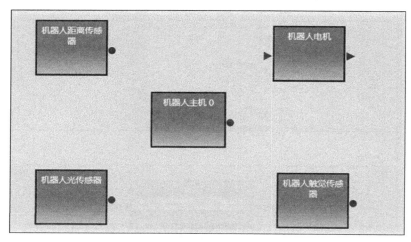

图 2-33　机器人/IoT 服务

2.3　事件驱动编程

机器人应用的主要任务是利用一系列执行器对传感器的输入做出反应,一个机器人程序可以同时接收多个传感器的输入并发地进行处理并做出决策。

与传统的基于控制流的顺序执行的程序不同,事件驱动的程序流程是由事件决定的,比如鼠标单击、传感器的输入/输出或者其他线程的消息。这些事件可以在程序执行的任何时刻产生,事件驱动编程需要有多个处理器并行处理。

机器人的应用程序大多采用事件驱动的编程方式,传感器的输入处理和执行器的控制必须并发进行,而有限状态机可以作为描述事件驱动编程的有效工具。

2.3.1　有限状态机

有限状态机(Finite State Machine,FSM)图,又称为状态图,是由有限数量的状态、状态之间的迁移和动作组成的一种数学模型。有限状态机是一种具有内部记忆功能的抽象模型,系统的当前状态由过去的状态决定,因此有限状态机可以记录过去的信息。

有限状态机分为仅将状态作为唯一的存储的纯 FSM,不使用额外的存储变量和使用额外存储变量的 FSM。

首先来了解纯 FSM。

假设有一个自动售货机售卖可口可乐,每瓶75美分,它有如下四种输入。

(1) 投入25美分(quarter)。

(2) 投入1美元(dollar)。

(3) 单击"取可乐"按钮(soda)。

(4) 单击"退币"按钮(return)。

由于所有的信息存储在有限数量的状态中,因此必须设定自动售货机可以接受货币的最大值,以最多接受100美分为例。如图2-34所示,自动售货机的有限状态机模型包括0、25、50、75和100美分5种状态,状态之间的箭头表示状态间的迁移,箭头上面描述了输入的动作。

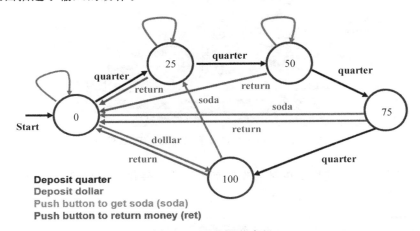

图 2-34 纯有限状态机

为了消除接受货币值的上界,考虑在FSM中使用额外的存储变量,如图2-35所示,变量Sum存储了自动售货机总共投入的货币金额。

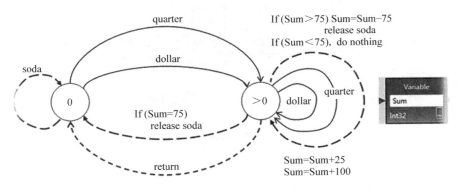

图 2-35 使用额外变量的有限状态机

2.3.2 有限状态机的 VIPLE 实现

图 2-36 给出了上述有限状态机的 VIPLE 实现。使用简单对话接收用户的输入，开关活动根据用户输入的值执行相应的分支。

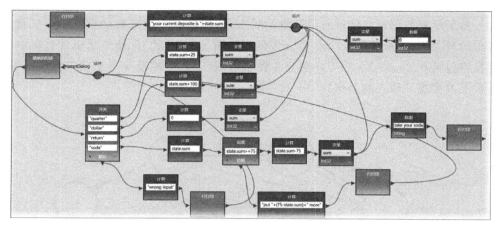

图 2-36 自动售货机有限状态机 VIPLE 程序

接下来将程序从使用简单对话改为使用按键事件作为有限状态机的输入，结果如图 2-37 所示，使用了下列按键。

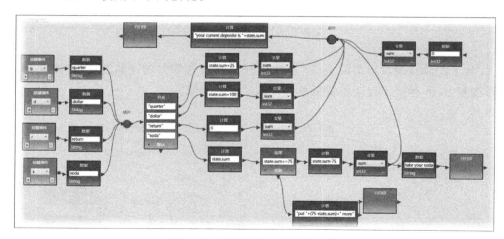

图 2-37 事件驱动的有限状态机

(1) q 表示 25 美分。
(2) d 表示 1 美元。
(3) r 表示退币。
(4) s 表示购买可乐。

2.4 迷宫导航算法

假设机器人只安装了一个位于前部的距离传感器,使用有限状态机来描述迷宫导航算法。

2.4.1 贪心算法

贪心算法是指导机器人向距离大于给定值的方向移动的算法。图 2-38 给出了这个算法的有限状态机,这个有限状态机包含四个状态。

机器人从 Forward 状态开始,当前方距离小于 1,机器人向左旋转 90°(Turning Left)。当旋转完成(Turned Left)之后,前方的距离传感器进行测距,如果距离大于等于 2,机器人进入 Forward 状态继续前进,否则旋转 180°,然后进入 Forward 状态继续前进。

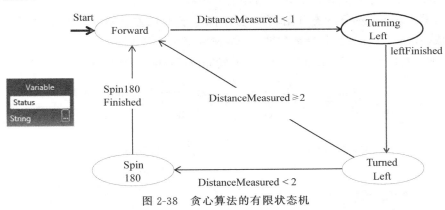

图 2-38 贪心算法的有限状态机

2.4.2 两距离局部最优算法

贪心算法在某些迷宫中可能表现不佳,图 2-39 给出了两距离局部最优算法的有限状态机。

机器人从 Forward 状态开始,当前方距离小于 1,机器人向右旋转 90°(Turning Right)。旋转完成(Turned Right)之后,传感器进行测距并保存到 RightDistance 变量中。然后向左旋转 180°(Turning Left),旋转完成(Turned Left)之后将当前传感器的值和 RightDistance 保存的值进行比较,如果当前的值大,则进入 Forward 状态继续前进,否则旋转 180°(Resume 180),旋转完成后继续前进。

2.4.3 沿右侧墙算法

图 2-40 给出了沿右侧墙算法的有限状态机。它假设机器人有位于前方和右侧

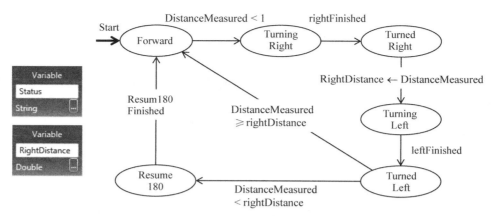

图 2-39　两距离局部最优算法的有限状态机

的两个距离传感器。这个有限状态机使用了两个变量：Status 用来保存状态，BaseDistance 用来初始化机器人与右侧墙的距离。

机器人从 Forward 状态开始，当前方距离小于 1，向左旋转 90°（TuringLeft 90），旋转完成（Turned Left）之后，继续前进。当右侧距离大于 BaseDistance+1，表示右侧空间开阔，则向右旋转 90°（TurningRight 90），旋转完成（Turned Right）之后，继续前进。

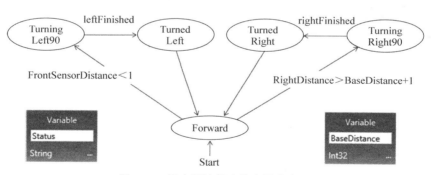

图 2-40　沿右侧墙算法的有限状态机

2.5　Unity 模拟器

Unity3D 是由 Unity Technologies 开发的一个让玩家轻松创建诸如三维视频游戏、建筑可视化、实时三维动画等类型互动内容的多平台的综合型游戏开发工具，是一个全面整合的专业游戏引擎。Unity 类似于 Director，Blender Game Engine，Virtools 或 Torque Game Builder 等利用交互的图形化开发环境为首要方式的软件，其编辑器可运行在 Windows、Linux（目前仅支持 Ubuntu 和 CentOS 发行版）、Mac OS X 下，可发布游戏至 Windows、Mac、Wii、iPhone、WebGL（需要 HTML5）、

Windows Phone 8 和 Android 平台。也可以利用 Unity Web Player 插件发布网页游戏,支持 Mac 和 Windows 的网页浏览。它的网页播放器也被 Mac 所支持。

Unity 模拟器简单易用,使用"机器人＋移动-动力控制"服务控制机器人移动,用"机器人＋移动-角度控制"服务控制机器人旋转。在 VIPLE 中通过"运行-启动 Unity 模拟器"或者 Start Unity Simulator 2 运行 Unity 模拟器。

2.5.1 机器人移动控制

首先使用线控程序通过计算机的键盘控制机器人。

(1) 拖曳"机器人主机"服务到框图中,右击"机器人主机 0"服务并使用如图 2-41 所示的配置。

(2) 编写如图 2-42 所示的线控代码,其中,"机器人＋移动-角度控制"和"机器人＋转动-角度控制"的 Partner 要选择"机器人主机 0",如图 2-43 所示。

(3) 打开 Unity 模拟器,然后运行 VIPLE 程序,此时可以使用键盘上的 1,2,3,4 键控制机器人移动(WASD 和上下左右方向键为模拟器两个机器人的默认方向按键,应避免冲突)。为了让 VIPLE 从键盘接收命令,需要缩小 VIPLE 代码窗口。

图 2-41 机器人主机参数设置

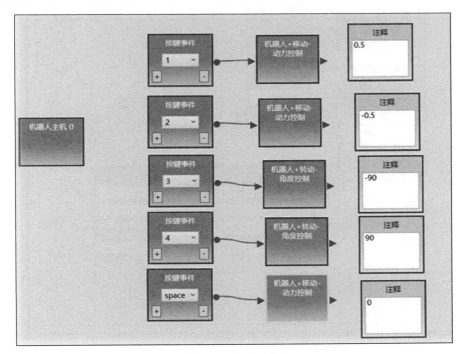

图 2-42 线控代码

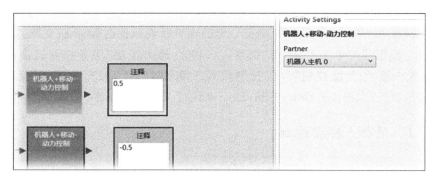

图 2-43　机器人控制参数设置

2.5.2　两距离局部最优算法的实现

图 2-44 给出了图 2-39 中的有限状态机在 Unity 模拟器中的实现，包括 forward、right90、left180 和 stop 四个自定义活动。首先建立机器人主机，连接类型选择 Wi-Fi，IP 地址填入"localhost"，端口号填入"1350"，如图 2-41 所示。然后使用 forward 自定义活动将机器人初始化为前进状态；使用端口号为 2 的前方距离传感器进行测距并通过行打印输出；同时通过如果活动进行判断并执行相应分支。

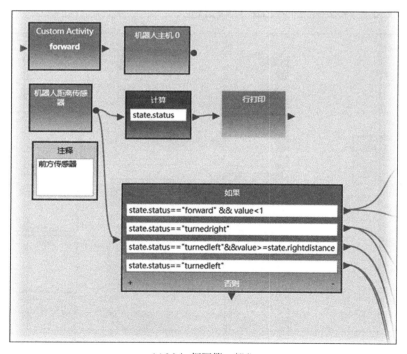

(a) Main 框图第一部分

图 2-44　Main 框图

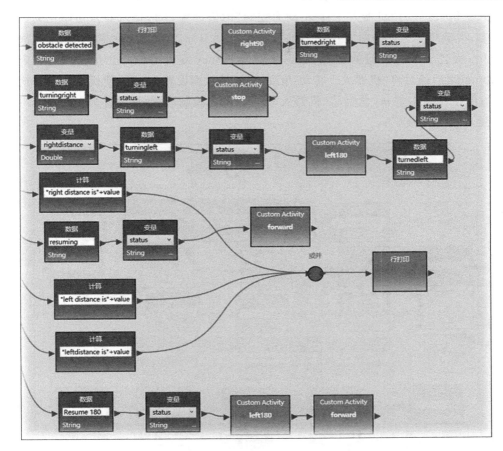

(b) Main 框图第二部分

图 2-44 （续）

（1）当机器人处于前进状态并且与前方障碍物距离小于 1 时，输出 "obstacle detected"；同时将当前状态修改为 turningright，在停止 3s 之后向右旋转 90°，并将状态修改为 turnedright。

（2）当机器人处于 turnedright 状态时，将传感器当前测到的距离保存到 rightdistance 变量中并输出；然后将状态修改为 turningleft，之后向左旋转 180°，旋转完成后将状态修改为 turnedleft。

（3）当机器人处于 turnedleft 状态时，如果当前传感器的值大于等于 rightdistance 变量的值，表示左侧空间比右侧开阔，则将状态修改为 resuming 并继续前进。否则将状态修改为 Resume 180，然后向左旋转 180°，完成后继续前进。

2.5.3 沿右侧墙算法的实现

图 2-45 给出了图 2-40 中的有限状态机在 Unity 模拟器中的实现。首先建立机

器人主机；然后将"机器人＋移动-动力控制"的值设置为 1，使机器人初始化为前进状态；将端口号为 2 的前方传感器的数据保存到 frontDistance 变量中，如果距离小于 0.5 而且 isBusy 变量的值为 false，则修改 isBusy 变量的值并让机器人继续前进 200ms；之后通过将"机器人＋转动-角度控制"的数据设置为－90 使机器人向左旋转 90°；停止移动 6000ms 之后将"机器人＋移动-动力控制"的数据设置为 1 并将 isBusy 变量重新修改为 false。

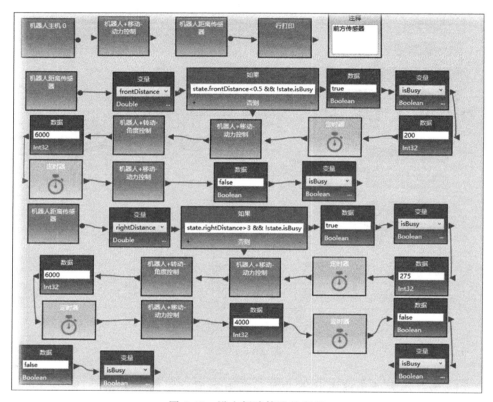

图 2-45　沿右侧墙算法的实现

与此同时，端口号为 1 的右侧传感器将测得的距离保存在 rightDistance 变量中，当此值大于 3 而且 isBusy 为 false 时，机器人继续向前移动 275ms 之后停止移动；然后通过将"机器人＋转动-角度控制"的数据设置为 90 使机器人向右旋转 90°；停止移动 6000ms 之后将"机器人＋移动-动力控制"的数据设置为 1 并将 isBusy 变量重新修改为 false。

isBusy 变量的作用：前方传感器的值小于给定值则左转，右侧传感器的值大于给定值则右转，但左转的过程中也有可能满足右转的条件，因而在左转或者右转时将 isBusy 设置为 true 以避免旋转的冲突。

2.6 Web 2D 模拟器

2.6.1 理解迷宫算法

(1) 从 VIPLE 中启动 Web 2D 模拟器，如图 2-46 所示。

图 2-46 启动 Web 2D 模拟器

(2) 模拟器中迷宫如图 2-47 所示，迷宫的左下角有三个单选按钮，定义了三种不同模式。

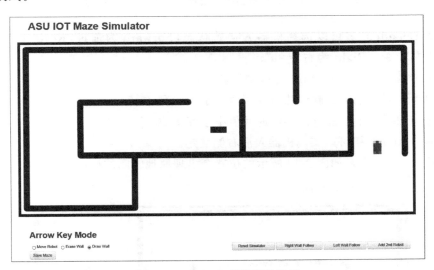

图 2-47 Web 2D 模拟器的迷宫

① 选择 Move Robot，可以使用键盘上的 4 个方向键驱动机器人，按 WADS 4 个按键可以自动添加第二个机器人，并且控制其移动。

② 选择 Erase Wall，可以使用 4 个方向键移动擦除点，并擦除迷宫现有墙壁。

③ 选择 Erase Wall，然后使用方向箭头将方块移动到绘制新墙位置并选择 Draw Wall，可以使用 4 个方向键绘制新的墙壁。单击 Save Maze 按钮可以保存

迷宫。

(3) 学习沿墙算法。

① 单击 Right Wall Follow(沿右侧墙算法)按钮,了解机器人移动规则。

② 单击 Reset Simulator 按钮,重置机器人到起始位置。

③ 单击 Left Wall Follow(沿左侧墙算法)按钮,了解机器人移动规则。

(4) 编写机器人沿右墙走程序。

① 在 Implement Your Algorithm Here 位置编辑程序,如图 2-48 所示。

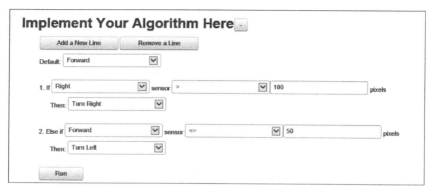

图 2-48　Web 2D 模拟器内建编程工具实现沿右墙走算法

② Default 位置可以选择机器人初始状态,Forward 为前进,Reverse 为后退,Left 为左转 90°,Right 为右转 90°。

③ 单击 Add a New Line 可以增加新的程序。

④ 新加第一行:右侧传感器返回值大于 100,则右转。

⑤ 新加第二行:前方传感器返回值小于等于 50,则左转。

单击 Run 按钮可以实现机器人沿右侧墙走。

问题:机器人在如图 2-49 所示的位置会出现原地转圈的情况。

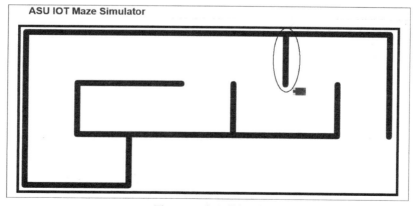

图 2-49　出现的问题

原因：机器人右转之后并未越过红圈标注的墙壁，测得与右方墙壁的距离大于100，所以继续右转，而且每次右转都会测到与墙壁的距离大于100，因此出现原地转圈的现象。

问题解决方案：修改第一行新添加的代码，如图 2-50 所示。

图 2-50　修改后的代码

该代码表示机器人右转后先向前移动 50 距离，再执行其他操作，可以保证机器人右转之后可以顺利越过墙壁。

（5）编写两距离局部最优算法程序。

① 距离前方障碍物大于 50 则前行。

② 距离前方障碍物小于等于 50 时，如果左边距离大于右边距离，则向左转，否则向右转。

程序如图 2-51 所示。

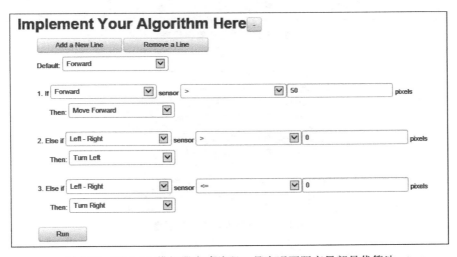

图 2-51　Web 2D 模拟器内建编程工具实现两距离局部最优算法

2.6.2　机器人移动控制

（1）在 VIPLE 中编写如图 2-52 所示代码，此代码和 Unity 模拟器的线控代码相同。

（2）右击"机器人主机 0"，在最右侧 Activity Settings 里面设置 Connection Type 为 WebSocket Server，Port 设置为 8124，如图 2-53 所示。

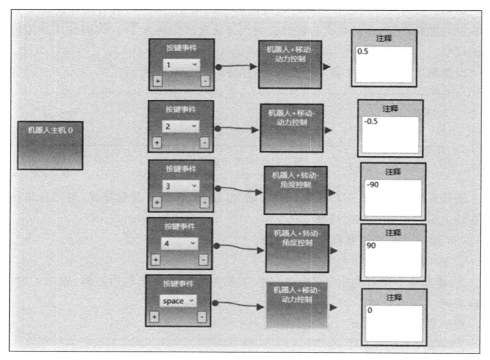

图 2-52　VIPLE 程序代码

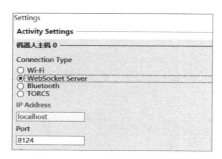

图 2-53　机器人主机参数设置

（3）编写完成启动 Web 2D 模拟器，然后运行程序。

（4）切换到 Web 2D 模拟器，单击 Connelt to ASU VIPLE(Websockets)按钮，如图 2-54 所示，之后会提示连接成功。

图 2-54　模拟器的连接

（5）回到 VIPLE 代码，单击 RunWindow，确保此窗口位于所有窗口的最顶端，按键才能生效，然后可以使用按键控制机器人移动。

2.6.3 两距离局部最优算法的实现

两距离局部最优算法使用一个机器人前方的距离传感器，因此需要左右转弯测量左右两边的距离。

Main 框图和 Unity 模拟器的两距离局部最优算法程序相似，区别仅在于参数值，如图 2-55 所示。

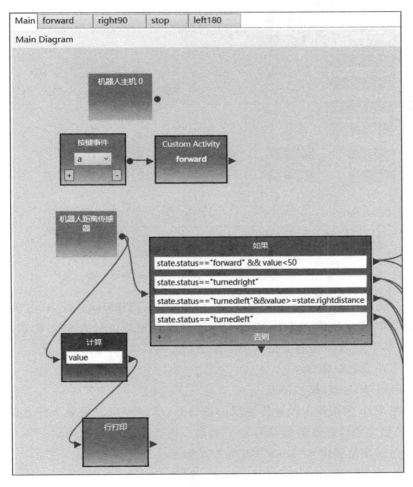

(a) Main 框图第一部分

图 2-55　Main 框图

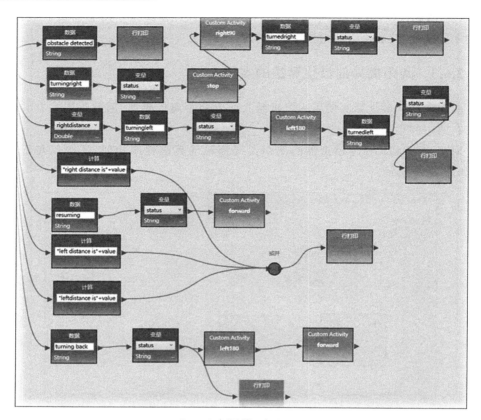

(b) Main 框图第二部分

图 2-55 （续）

图 2-56（a）～图 2-56（d）分别展示了 Main 框图中 forward、right90、stop 和 left180 活动的程序代码。其中，机器人驱动器的左轮端口号为 3，右轮端口号为 5。"机器人主机 0"的参数设置方法如图 2-53 所示。

按以下步骤测试程序。

(1) 启动 Web 2D 模拟器。

(2) 在 Web 模拟器中设置传感器的端口号，端口号可以设置为任意值，只需要与 VIPLE 程序中传感器的端口号对应起来。由于本程序只使用到了一个传感器，因此需要在其他位置填入"none"，如图 2-57 所示。

(3) 单击 Add/Update Speed/Sensors 按钮。

(4) 运行 VIPLE 程序。

(5) 单击 Connect to ASU VIPLE(WebSockets)。

(6) 切回 VIPLE 程序，单击 RunWindow，确保其处于所有窗口的最顶部。

(7) 按 A 键，机器人开始移动。

第 2 章　智能小车图形化编程

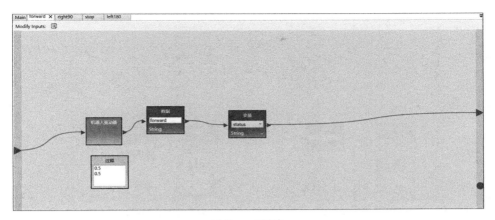

(a) forward 活动

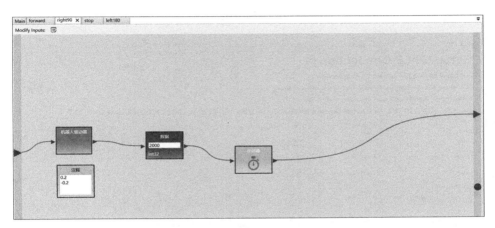

(b) right90 活动

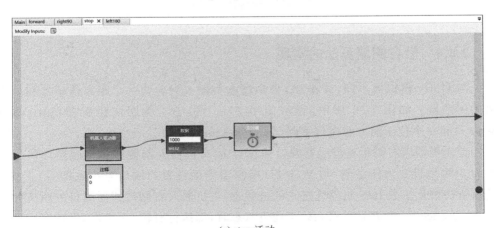

(c) stop 活动

图 2-56　4 个活动的程序代码

(d) left180 活动

图 2-56 （续）

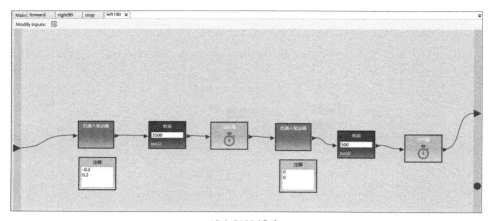

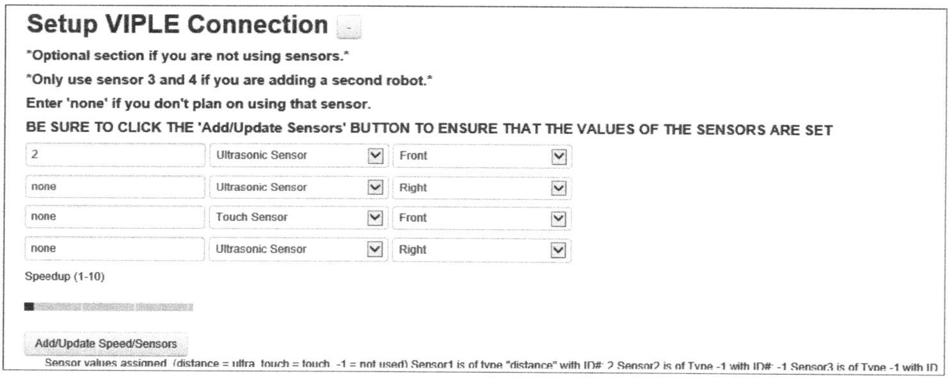

图 2-57 传感器参数设置

2.6.4 沿右侧墙算法的实现

与 Unity 模拟器不同，Web 2D 模拟器的机器人只包含一个距离传感器和一个触碰传感器。如图 2-58 所示，程序使用了一个位于右侧距离传感器（ultrasonic sensor）和一个位于前方触碰传感器（touch sensor）。

首先机器人右侧距离传感器端口号设置为 2，机器人前侧触觉传感器端口号设置为 0（可以设置为任意值，与 Web 2D 模拟器界面设置的端口号一致即可）。按 Z 键执行初始化函数 Init，机器人进入前进状态，当机器人右侧传感器测得的距离大于 BaseDistance+500 并且机器人处于前进状态时，则执行右转 90°操作，旋转完成后重新回到前进状态。当触碰传感器接触到障碍物，而且机器人处于前进状态，则先后退一段距离，然后向左旋转 90°，旋转完成后继续前进。

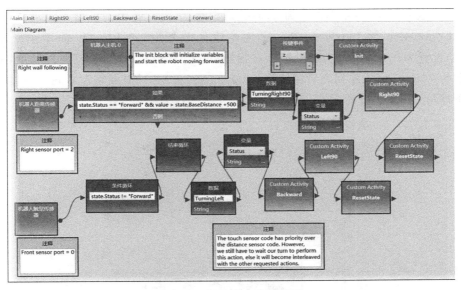

图 2-58　Main 框图

程序难点：触觉传感器后面为何有一个 while 循环？

当检测到右侧距离过大时，应当向右旋转，旋转的过程中如果与前方障碍物距离过小，机器人的触碰传感器容易蹭到障碍物，此时应当执行向左转的操作，右转的过程中执行左转会产生冲突。机器人在右转过程当中状态为 TurningRight90，满足 state.Status！="Forward"空循环的条件，因此能够保证机器人在右转的过程中即使碰到了触碰传感器也不会执行左转操作，从而有效地避免了冲突。

下面介绍 Main 框图中的每一个活动。

(1) Init：机器人状态初始化为 Forward 状态，使机器人向前移动，并且设置与障碍物基础距离为 25，如图 2-59 所示。

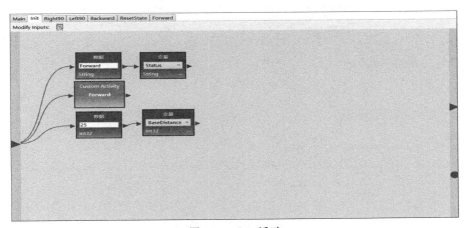

图 2-59　Init 活动

（2）Right90：左轮端口号为3，右轮端口号为5，右键单击机器人驱动器，选择DataConnection，将LeftWheelPower（左轮动力）设置为0.5，RightWheelPower（右轮动力）设置为-0.5，可以实现机器人右拐，通过定时器可以设置右拐时间长度，此处设置为700ms，完成左拐之后保持静止3000ms；Left90只需要将左右轮的速度互换一下即可，如图2-60所示。

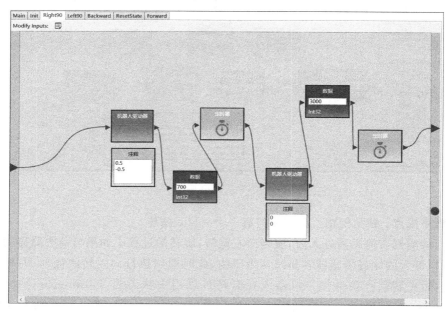

图2-60　Right90活动

（3）Backward：左右轮速度都设置为-0.5，此处设置后退100ms，如图2-61所示。

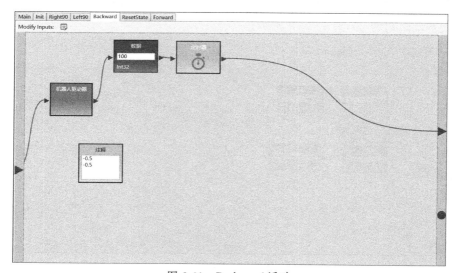

图2-61　Backward活动

(4) Forward: 左右轮速度设置为 0.5, 不设置前进时间长度, 如图 2-62 所示。

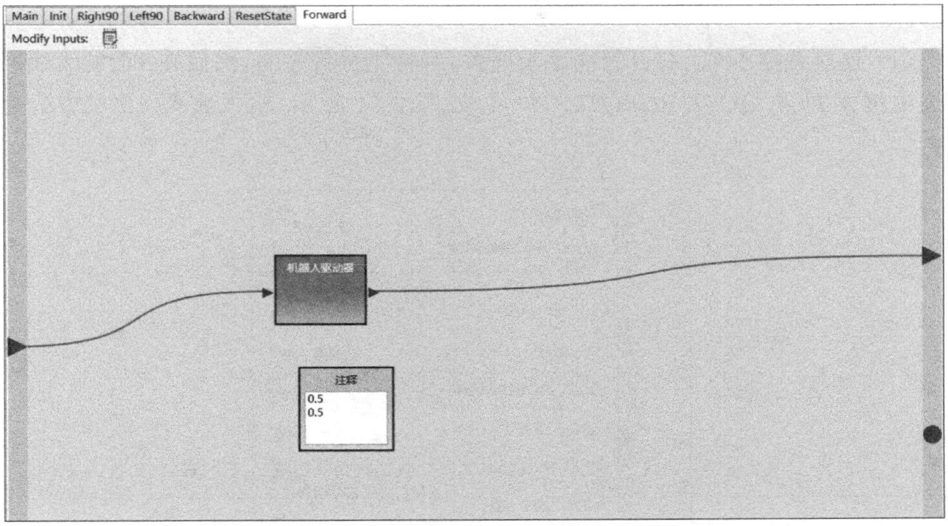

图 2-62　Forward 活动

(5) ResetState: 前进 700ms 后将状态改为 Forward 并继续前进, 如图 2-63 所示。

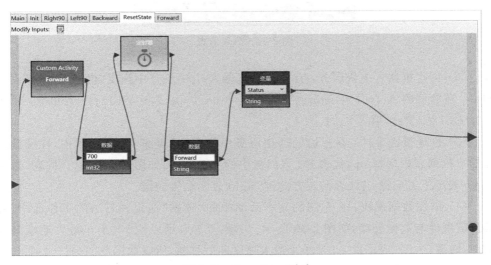

图 2-63　ResetState 活动

2.7　智能小车迷宫导航

下面介绍如何将模拟器中调试好的 VIPLE 程序应用在智能小车上。

2.7.1 智能小车的移动控制

（1）连接智能小车：打开智能小车开关，等待半分钟左右，然后在 PC 的无线网络列表中搜索热点 QUST-ROBOT-×××，如图 2-64 所示，输入密码 12345678，进行连接。

图 2-64　热点列表

（2）创建机器人主机服务：在左侧的机器人/IoT 服务中拖曳"机器人主机"到框图中，在右侧的 Activity Settings 中，Connection Type 选择 Wi-Fi；IP Address 填入 192.168.12.1；Port 填入 8124。

（3）创建按键事件：在左边的通用服务中拖曳"按键事件"到框图中，在按键事件的下拉列表中选择 up，代表 PC 方向键中的上方向键，如图 2-65 所示。同理，选择 down 表示下方向键，left 表示左方向键，right 表示右方向键。

（4）添加数据模块：在左侧的基本活动中的"数据"拖曳到右边的工作区中，并将按键事件与数据连接，如图 2-66 所示。数据 0.5 表示以 0.5×小车最大速度向前移动，同理，−0.5 表示以 0.5×小车最大速度向后移动，所以数据范围是[−1,1]。

（5）为左轮和右轮设置速度：在基本活动中拖曳"与并"活动至框图，在与并中单击左下角的＋，分别在两个空白处填入变量名称 left 和 right（可随便定义变量名称），从数据引出两条线分别指向两个变量，表示 left 赋值 0.5 的同时，right 也赋值为 0.5，如图 2-67 所示。

（6）添加机器人驱动器：在机器人/IoT 服务中拖曳"机器人驱动器"到框图，连接与并活动和机器人驱动器，之后弹出 Data Connections 对话框，分别填入上一步定

第2章 智能小车图形化编程　45

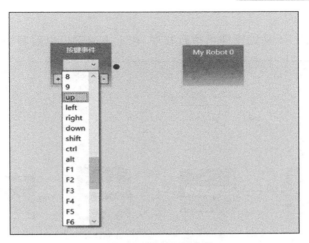

图 2-65　创建按键事件

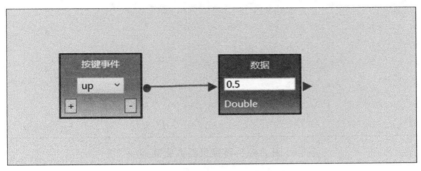

图 2-66　添加数据活动

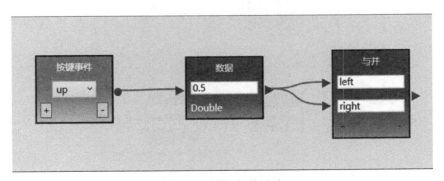

图 2-67　添加与并活动

义的变量 left 和 right，表示将变量 left 和 right 里面保存的值(0.5)赋值给驱动器的左轮和右轮，如图 2-68 所示。

(7) 设置左轮和右轮控制端口：单击机器人驱动器，在右侧 Activity Settings 中，Partner 选择 My Robot 0，Left Wheel 填入 0，Right Wheel 填入 1，如图 2-69

所示。

(8)测试：按F5功能键即可执行程序，按上方向键可以控制小车向前移动。

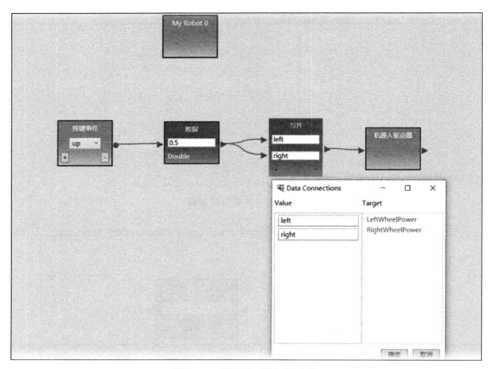

图 2-68　设置机器人驱动器

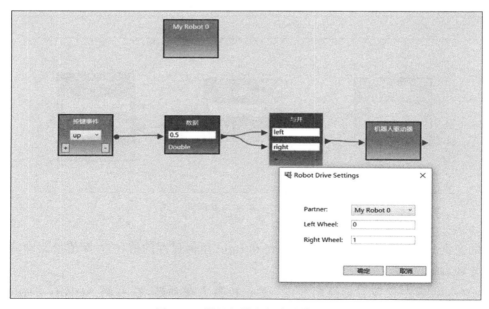

图 2-69　设置机器人驱动器端口号

完整程序：

图 2-70 展示了控制小车前后左右移动和停止的完整程序。

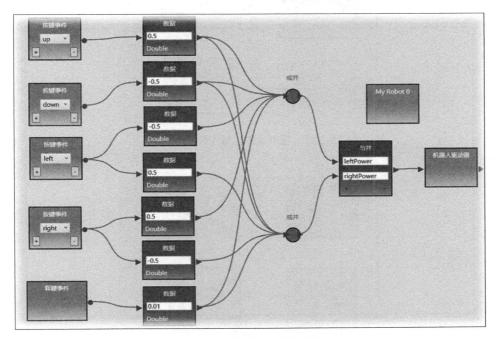

图 2-70　移动控制完整程序

例如 left 按键事件代表按左方向键，控制向左移动，左轮要向后移动，右轮向前移动，所以左轮速度赋值为－0.5，右轮速度 0.5，以此类推。

2.7.2　智能小车传感器的使用

1. 超声波传感器

从机器人/IoT 服务中拖曳"机器人距离传感器"到框图，连接行打印。单击机器人距离传感器，在右侧 Activity Settings 中选择"机器人主机 0"作为 Partner，Sensor Port 设置为 10（前部超声波传感器）、11（左方超声波传感器）或者 12（右方超声波传感器），如图 2-71 所示。

2. 光传感器

从机器人/IoT 服务中拖曳"机器人光传感器"到框图中，连接行打印。单击机器人距离传感器，在右侧 Activity Settings 中选择"机器人主机 0"作为 Partner，Sensor Port 设置为 0（左前部避障红外传感器）、1（右前方避障光传感器）、2（左下方循迹光传感器）或者 3（右下方循迹光传感器），如图 2-72 所示。

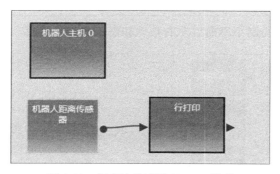

图 2-71　超声波传感器 VIPLE 程序

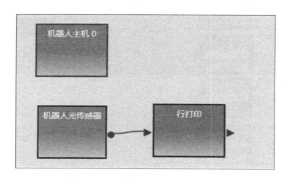

图 2-72　光传感器 VIPLE 程序

2.7.3　智能小车迷宫导航实现

智能小车迷宫导航程序与 Web 2D 模拟器的程序相似,区别仅在于以下两点。
(1) 机器人主机参数不同。
(2) 智能小车旋转 90°和 180°的时间需要实际测量。

智能小车在实际场景中要考虑到两个轮子速度不一致等问题,因而需要设计改进算法解决此类问题。

图 2-73 给出了智能小车在实际场景中的基于两距离局部最优算法的 VIPLE 程序,程序开始通过 forward 函数控制小车前进,并且将 status 变量初始化为 forward 状态。端口号为 10 的前方超声波传感器将实时的距离值保存到 forward 变量中,并执行 if 判断,如果当前处于 forward 状态而且与前方距离小于 25,则执行停止操作,并且将 status 赋值为 stop;如果 if 第一个条件不成立,则判定 status 是否等于 stop,如果相等则比较左右传感器的距离,如果左边距离大,则左转 90°然后继续前进并且将 status 重置为 forward;如果右边距离大则右转 90°然后继续前进并且将 status 重置为 forward。

由于实际环境当中小车的左右两轮速度并不一致,不能保证小车沿直线行驶,因为通过判定当小车左右两边离墙壁距离小于 7cm 时,小车状态改变为 stop,从而进一步执行 if 语句中第二条判断后面的操作,即左转或右转 90°,此处读者可根据情况设置智能小车旋转度数。

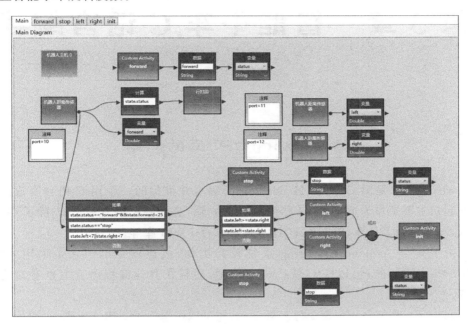

图 2-73　智能小车 VIPLE 程序

智能小车所有的传感器和电机的端口号可在表 2-1 中查询。

表 2-1　VIPLE 端口号配置

传　感　器	VIPLE 名称	编号	数据类型
红外开关♯1(左)	机器人光传感器	0	Double
红外开关♯2(右)	机器人光传感器	1	Double
超声波传感器(前)	机器人距离传感器	10	Double
超声波传感器(左)	机器人距离传感器	11	
超声波传感器(右)	机器人距离传感器	12	
循迹传感器♯1(左)	机器人光传感器	2	
循迹传感器♯2(右)	机器人光传感器	3	
电机(左)	机器人驱动器	0	
电机(右)	机器人驱动器	1	
视频传感器♯1		40	
视频传感器♯2		41	
视频传感器♯3		42	
视频传感器♯4		43	

第 3 章 智能小车 C 语言编程

3.1 wiringPi 库的介绍

wiringPi 库是由 Gordon Henderson 所编写并维护的一个用 C 语言写成的类库。起初主要是作为 BCM2835 芯片的 GPIO 库。而现在已经非常丰富，除了 GPIO 库以外，还包括 I2C 库、SPI 库、UART 库和软件 PWM 库等。

由于其与 Arduino 的 wiring 系统较为类似，故以此命名。它是采用 GNU LGPLv3 许可证的，可以在 C 或 C++ 上使用，而且在其他编程语言上也有对应的扩展。

wiringPi 库包含一个命令行工具 gpio，它可以用来设置 GPIO 引脚，可以用来读写 GPIO 引脚，甚至可以在 Shell 脚本中使用来达到控制 GPIO 引脚的目的。

wiringPi 库的安装方法可参照 1.3.1 节，下面介绍智能小车 C 语言编程使用的 wiringPi 库中的函数。

1. 初始化函数

```
int wiringPiSetup(void);
```

该函数初始化 wiringPi，程序将使用如图 3-1 所示的引脚定义图，具体引脚映射可通过 gpio readall 命令进行查看。程序必须调用初始化函数，否则不能正常工作。树莓派所有的 GPIO 引脚使用 wiringPi 编号。

2. pinMode 函数

```
void pinMode(int pin, int mode);
```

使用该函数可以将某个引脚设置为 INPUT（输入）、OUTPUT（输出）、PWM_OUTPUT（脉冲输出）或者 GPIO_CLOCK（GPIO 时钟）。需要注意的是，仅有引脚 1 支持 PWM_OUTPUT 模式，仅有引脚 7 支持 CLOCK 输出模式。

3. digitalWrite 函数

```
void digitalWrite(int pin, int value);
```

使用该函数可以向指定的引脚写入 HIGH（高）或者 LOW（低），写入前，需要将

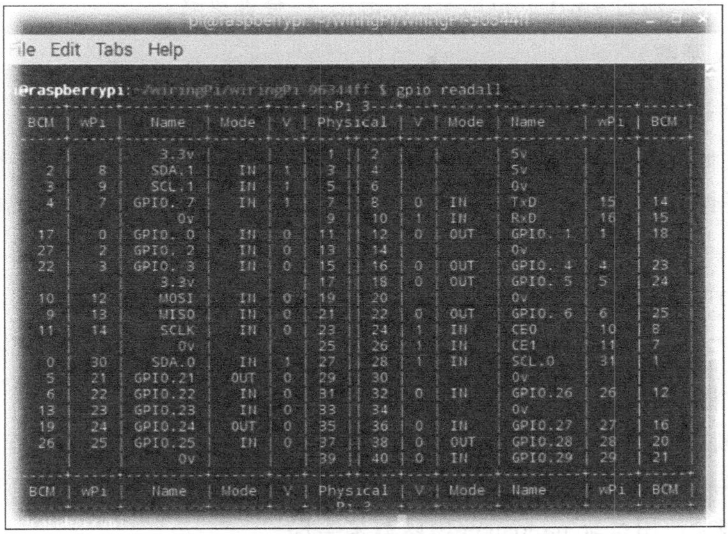

图 3-1　树莓派引脚定义图

引脚设置为输出模式。wiringPi 将任何的非 0 值作为 HIGH（高）来对待，因此，0 是唯一能够代表 LOW（低）的数值。

4. pwmWrite 函数

```
void pwmWrite(int pin, int value);
```

使用该函数可以将值写入指定引脚的 PWM 寄存器中。树莓派板上仅有一个 PWM 引脚，即引脚 1。可设置的值为 0～1024。

5. digitalRead 函数

```
void digitalRead(int pin);
```

使用该函数可以读取指定引脚的值，读取到的值为 HIGH(1)或者 LOW(0)，该值取决于该引脚的逻辑电平的高低。

6. softPwmCreate 函数

```
int softPwmCreate(int pin,int initialValue,int pwmRange);
```

该函数将会创建一个软件控制的 PWM 引脚。可以使用任何一个 GPIO 引脚，pwmRange 参数可以为 0（关）～100（全开）。返回值为 0，代表成功，其他值代表失败。

7. softPwmWrite 函数

```
void softPwmWrite(int pin, int value);
```

该函数将会更新指定引脚的 PWM 值。value 参数的范围将会被检查，如果指定的引脚之前没有通过 softPwmCreate 初始化,将会被忽略。

8. delay 函数

`void delay(unsigned int howLong);`

该函数将会中断程序执行至少 howLong 毫秒。因为 Linux 是多任务的,中断时间可能会更长。需要注意的是,最长的延迟值是一个无符号 32 位整数,其大约为 49 天。

9. delayMicroseconds 函数

`void delayMicroseconds(unsigned int howLong);`

该函数将会中断程序执行至少 howLong 微秒。因为 Linux 是一个多任务的系统,因此中断时间可能会更长。需要注意的是,最长的延迟值是一个无符号 32 位整数,其大约为 71 分钟。如果延迟低于 100 微秒,将会使用硬件循环来实现;如果超过 100 微秒,将会使用系统 nanosleep() 函数来实现。

3.2 智能小车移动控制

3.2.1 固定速度移动控制

C 语言控制智能小车移动使用 pinMode 和 digitalWrite 函数来实现。

1. void pinMode(int pin,int mode)

智能小车电机上的 IN1~IN4 四个引脚分别与树莓派的 wiringPi 编号为 1,4,5,6 这 4 个 GPIO 引脚连接,函数中的 pin 参数对应如表 3-1 所示的 wiringPi 编号;由于树莓派通过 GPIO 引脚向电机引脚输出高电平控制智能小车移动,因此 mode 参数应设置为 OUTPUT。

表 3-1 电机引脚编号

电机引脚	wiringPi 编号	移动方式
IN1	1	左轮前进
IN2	4	左轮后退
IN3	5	右轮前进
IN4	6	右轮后退

2. void digitalWrite(int pin,int value)

树莓派通过 GPIO 引脚向电机引脚输出高电平控制智能小车移动,value 参数为 1 时表示树莓派引脚向电机引脚高电平;为 0 时表示输出低电平。控制智能小车左转的完整程序如下。

```c
#include <wiringPi.h>
#include <stdio.h>
#include <stdlib.h>
int main()
{
    wiringPiSetup();
    /*WiringPi GPIO*/
    pinMode (1, OUTPUT);        //IN1
    pinMode (4, OUTPUT);        //IN2
    pinMode (5, OUTPUT);        //IN3
    pinMode (6, OUTPUT);        //IN4
    while(1)
    {
        digitalWrite(1,0);
        digitalWrite(4,0);
        digitalWrite(5,1);            //右轮前进
        digitalWrite(6,0);
    }
    return 0;
}
```

首先添加 wiringPi.h 头文件，使用 wiringPiSetup 函数进行初始化，通过 pinMode 函数将树莓派 wiringPi 编号为 1,4,5,6 的引脚设置为输出模式，最后使用 digitalWrite 函数通过树莓派 5 号引脚向电机的 IN3 引脚输出高电平，从而控制智能小车右轮前进，实现左转。

3.2.2 可变速度移动控制

使用上述实现方式智能小车只能以最大速度移动，为了能够灵活控制智能小车的移动速度需要使用 PWM 控制方式，但是树莓派硬件上支持的 PWM 输出的引脚有限（只有 1 号引脚支持 PWM 输出）。为了突破这个限制，wiringPi 提供了软件实现的 PWM 输出 API。基于 PWM 的智能小车移动控制使用 softPwmCreate 和 softPwmWrite 函数。

1. int softPwmCreate(int pin，int initialValue，int pwmRange)

其中，pin 用来作为软件 PWM 输出的引脚；initalValue 为引脚输出的初始值；pwmRange 为 PWM 值的范围上限。

2. void softPwmWrite(int pin，int value)

其中，value 为 PWM 引脚输出的值，电机的实际速度为：value/pwmRange×最

大速度。

基于 PWM 的控制智能小车左转的完整程序如下。

```c
#include <wiringPi.h>
#include <softPwm.h>
#include <stdio.h>
#include <stdlib.h>
int main()
{
    wiringPiSetup();
    /* WiringPi GPIO */
    pinMode (1, OUTPUT);         //IN1
    pinMode (4, OUTPUT);         //IN2
    pinMode (5, OUTPUT);         //IN3
    pinMode (6, OUTPUT);         //IN4
    softPwmCreate(1,1,500);
    softPwmCreate(4,1,500);
    softPwmCreate(5,1,500);
    softPwmCreate(6,1,500);
    while(1)
    {
        softPwmWrite(1,0);
        softPwmWrite(4,0);
        softPwmWrite(5,250);           //右轮前进
        softPwmWrite(6,0);
    }
    return 0;
}
```

首先使用 PWM 需要包含头文件 softPwm.h，初始化和引脚模式设置以后，使用 softPwmCreate 函数将 1,4,5,6 四个引脚设置为 PWM 模式，最后通过 softPwmWrite 函数在四个引脚设置输出值，智能小车将以半速（250/500×最大速度）左转。

3.2.3　程序的编译和运行

将控制智能小车左转的程序保存为 left.c，如图 3-2 所示，打开树莓派终端，输入：

```
gcc left.c -o left -lwiringPi -lpthread
sudo ./left
```

GCC（GNU Compiler Collection，GNU 编译器套件）是由 GNU 开发的编程语言编译器。GCC 原本作为 GNU 操作系统的官方编译器，现已被大多数类 UNIX 操作

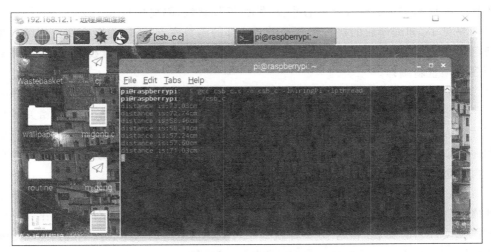

图 3-2　程序的编译和执行

系统(如 Linux、BSD、Mac OS X 等)采纳为标准的编译器,GCC 同样适用于微软的 Windows。GCC 和 g++ 分别是 GNU 的 C & C++ 编译器。GCC/g++ 在执行编译的时候一般有以下 4 步。

(1) 预处理:生成.i 的文件,进行宏的替换、注释的消除和找到相关的库文件,并将 #include 文件的全部内容插入。

(2) 转换成汇编语言:生成.s 文件,.s 文件表示汇编文件,用编辑器打开是汇编指令。

(3) 汇编文件转变为目标代码(机器代码):生成.o 的文件,.o 是 GCC 生成的目标文件,用编辑器打开是二进制机器码。

(4) 连接目标代码:生成可执行程序。

使用 gcc left.c 将编译出一个名为 a.out 的可执行文件;使用"-o"可以指定编译程序的名字,gcc left.c -o left 将编译出一个名为 left 的可执行文件。

Linux 平台下存在着大量库,本质上来说库是一种可执行代码的二进制形式,可以被操作系统载入内存执行。通俗地说就是把常用函数的目标文件打包在一起,提供相应函数的接口,便于程序员使用。按照库的使用方式又可分为动态库和静态库。

(1) 静态库后缀为".a",类似 Windows 平台的.lib 文件,静态库可以简单地看成一组目标文件(.o 文件)的集合,即很多目标文件经过压缩打包后形成的文件。比如在日常编程中,如果需要使用 printf 函数,就需要 stdio.h 的库文件,可是如果直接把对应函数源码编译后形成的.o 文件提供给我们,将会对我们的管理和使用造成极大不便,于是可以使用"ar"压缩程序将这些目标文件压缩在一起,形成"libx.a"静态库文件。其中,"x"为库名。静态库在程序编译时会被连接到目标代码中,相当于将库中的函数加载到程序里,在编译的时候直接编译进去,这样在编译之后执行程序时将不再需要该静态库。编译之后程序文件大，但加载快，隔离性也好。所以它的优点就显而易见了，即编译后的执行程序不需要外部的函数库支持，因为所有使用的函数都已经被编译进去了。当然，这也会成为它的缺点，因为如果静态函数库改变了，那么程序必须重新编译。

（2）动态库后缀为".so"，类似 Windows 平台的.dll 文件。动态库在程序编译时并不会被连接到目标代码中，而是仅在编译时引用，体积小，在程序运行到相关函数时才载入函数库里的相应函数，因此在程序运行时还需要动态库的存在。多个应用程序可以使用同一个动态库，启动多个应用程序的时候，只需要将动态库加载到内存一次即可。GCC/g++ 在编译时默认使用动态库。

（3）-l 参数用来指定程序要链接的库，-l 参数紧接着就是库名，那么库名跟真正的库文件名有什么关系呢？拿数学库来说，库名是 m，则动态库文件名是"libm.so"，即把库文件名的头 lib 和尾.so 去掉就是库名了。当使用动态库 libwiringPi.so 时，需要把"libwiringPi.so"复制到/usr/lib 或者/lib 里，编译时加上"-lwringPi"参数即可；同时，使用 wiringPi 库中的函数也需要配套的头文件 wiringPi.h。由于使用到了 PWM 函数，因此需要使用"-lpthread"链接 libthread.so 动态库。

可以在树莓派终端输入 find -name " * libwiringPi * "，验证是否存在 libwiringPi.so 动态链接库；输入 find -name " * libpthread * "，验证是否存在 libthread.so 动态链接库。

3.3 超声波传感器的使用

3.3.1 传感器的连接

如图 3-3 所示，超声波传感器包含 Vcc、Gnd、Trig 和 Echo 四个引脚，其中，Vcc 和 Gnd 引脚对传感器供电，Trig 和 Echo 引脚分别与树莓派的 GPIO 引脚连接。如图 3-4 所示，智能小车前方的超声波传感器的 Trig 引脚与树莓派物理编号为 38 的引脚连接，Echo 引脚与树莓派物理编号为 40 的引脚连接；左方超声波传感器的 Trig 引脚与树莓派的物理编号为 35 的引脚连接，Echo 引脚与树莓派物理编号为 37 的引脚连接；右方超声波传感器的 Trig 引脚与树莓派物理编号为 29 的引脚连接，Echo 引脚与树莓派物理编号为 31 的引脚连接。树莓派 GPIO 引脚的物理编号和 wiringPi 编号的对应关系如表 3-2 所示。

图 3-3 超声波传感器

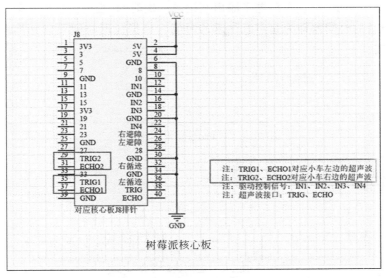

图 3-4 树莓派接线图

表 3-2 编号对应关系

传感器	wiringPi 编号	GPIO 物理编号
红外开关♯1(左)	11	26
红外开关♯2(右)	10	24
超声波传感器(前)	Trig：28，Echo：29	Trig：38，Echo：40
超声波传感器(左)	Trig：24，Echo：25	Trig：35，Echo：37
超声波传感器(右)	Trig：21，Echo：22	Trig：29，Echo：31
循迹传感器♯1(左)	27	36
循迹传感器♯2(右)	26	32
电机(左)	1 4	12 16
电机(右)	5 6	18 22

3.3.2 工作原理

如图 3-5 所示,树莓派向传感器的 Trig 引脚输出一个 $10\mu s$ 以上的高电平,超声波传感器模块内部自动向外发送 8 个 40kHz 的方波,然后树莓派等待传感器 Echo

引脚的高电平输出,一旦有高电平输出则记录一次时间,当变为低电平时再次记录一次时间,记录的时间差即为超声波往返的时间。根据往返时间可以计算出与障碍物之间的距离。

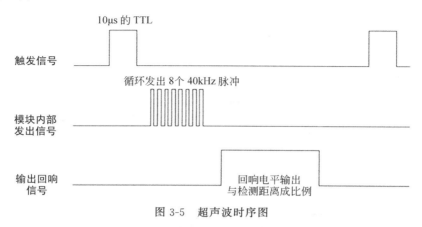

图 3-5 超声波时序图

3.3.3 程序实现

右方超声波传感器测距的程序代码如下。

```
#include <wiringPi.h>
#include <stdio.h>
#include <stdlib.h>
#define Trig 21
#define Echo 22
void ultraInit()
{
    pinMode(Echo, INPUT);           //Echo 为与传感器 Echo 引脚连接的树莓派的
                                    //GPIO 引脚
    pinMode(Trig, OUTPUT);          //Trig 为与传感器 Trig 引脚连接的树莓派的
                                    //GPIO 引脚
}
float disMeasure()
{
    struct timeval tv1;
    struct timeval tv2;
    long start, stop;
    float dis;
    digitalWrite(Trig, LOW);
    delayMicroseconds(2);
    digitalWrite(Trig, HIGH);       //树莓派向传感器 Trig 引脚输出高电平
```

```
        delayMicroseconds(10);                      //保持10μs
        digitalWrite(Trig, LOW);
        while(!(digitalRead(Echo)==1));              //在树莓派等待传感器Echo
                                                     //引脚的高电平输出
        gettimeofday(&tv1, NULL);                    //获取当前时间
        while(!(digitalRead(Echo)==0));              //等待高电平结束
        gettimeofday(&tv2, NULL);                    //获取当前时间
        start=tv1.tv_sec*1000000+tv1.tv_usec;        //微秒级的时间
        stop=tv2.tv_sec*1000000+tv2.tv_usec;
        dis=(float)(stop-start)/1000000*34000/2;     //求出距离,单位为厘米
        return dis;
}
int main()
{
        float dis;
        wiringPiSetup();
        ultraInit();
        while(1)
        {
            dis=disMeasure();
            printf("distance is:% 0.2fcm\n",dis);
            delay(1000);                             //每隔1s输出一次
        }
        return 0;
}
```

程序中使用到了 timeval 结构体。

```
struct timeval
{
    long    tv_sec;        /* seconds */
    long    tv_usec;       /* microseconds */
};
```

其中,tv_sec 记录秒,tv_usec 记录微秒,直接使用 gettimeofday 即可获取时间。

3.4 红外和遁迹传感器的使用

```
#include <wiringPi.h>
#include <stdio.h>
#include <stdlib.h>
```

```
#define LEFT 11            //左红外
#define RIGHT 10           //右红外
int main()
{
    wiringPiSetup();
    int SR,SL;
    while(1)
    {
        SR=digitalRead(RIGHT);
        printf("Rightsensor:%d\n",SR);
        SL=digitalRead(LEFT);
        printf("Leftsensor:%d\n",SL);
    }
    return 0;
}
```

智能小车左侧红外传感器与树莓派的 wiringPi 编号为 11 的 GPIO 引脚连接，右侧的红外传感器与树莓派 wiringPi 编号为 10 的引脚连接。左侧循迹传感器与树莓派的 wiringPi 编号为 27 的引脚连接，右侧循迹传感器与树莓派的 wiringPi 编号为 26 的引脚连接。使用 digitalRead 函数获取传感器的状态。

3.5 应用案例

3.5.1 基于超声波传感器的迷宫导航

```
#include <stdio.h>
#include <stdlib.h>
#include <softPwm.h>
#include <time.h>
#include <wiringPi.h>
#define Trig   28          //前方超声波传感器
#define Echo   29
#define BUFSIZE 512
void ultraInit(void)
{
    pinMode(Echo, INPUT);
    pinMode(Trig, OUTPUT);
}
float disMeasure(void)
{
```

```c
        struct timeval tv1;
        struct timeval tv2;
        long start, stop;
        float dis;
        digitalWrite(Trig, LOW);
        delayMicroseconds(2);
        digitalWrite(Trig, HIGH);                //树莓派向传感器Trig引脚输出高电平
        delayMicroseconds(10);                   //保持10μs
        digitalWrite(Trig, LOW);
        while(!(digitalRead(Echo)==1));          //在树莓派等待传感器Echo引脚的高电
                                                 //平输出
        gettimeofday(&tv1, NULL);                //获取当前时间
        while(!(digitalRead(Echo)==0));          //等待高电平结束
        gettimeofday(&tv2, NULL);                //获取当前时间
        start=tv1.tv_sec * 1000000+tv1.tv_usec;  //微秒级的时间
        stop =tv2.tv_sec * 1000000+tv2.tv_usec;
        dis=(float)(stop-start)/1000000 * 34000/2; //求出距离,单位为厘米
        return dis;
}
void run()                                       //前进
{
    softPwmWrite(4,0);
    softPwmWrite(1,250);                         //左轮前进
    softPwmWrite(6,0);
    softPwmWrite(5,250);                         //右轮前进
}

void brake(int time)                             //停车
{
    softPwmWrite(1,0);
    softPwmWrite(4,0);
    softPwmWrite(5,0);
    softPwmWrite(6,0);
    delay(time * 100);                           //执行时间,可以调整
}
void left(int time)                              //左转(左轮不动,右轮前进)
{
    softPwmWrite(1,0);
    softPwmWrite(4,0);
    softPwmWrite(5,250);                         //右轮前进
    softPwmWrite(6,0);
```

```c
        delay(time * 300);
    }
    void right(int time)                              //右转(右轮不动,左轮前进)
    {
        softPwmWrite(1,250);                          //左轮前进
        softPwmWrite(4,0);
        softPwmWrite(5,0);
        softPwmWrite(6,0);
        delay(time * 300);                            //执行时间,可以调整
    }
    void back(int time)                               //后退
    {
        softPwmWrite(4,250);                          //左轮向后移动
        softPwmWrite(1,0);
        softPwmWrite(6,250);                          //右轮向后移动
        softPwmWrite(5,0);
        delay(time * 200);                            //执行时间,可以调整
    }
    int main(int argc, char * argv[])
    {
        float dis;
        wiringPiSetup();
        /* WiringPi GPIO */
        pinMode (1, OUTPUT);        //IN1
        pinMode (4, OUTPUT);        //IN2
        pinMode (5, OUTPUT);        //IN3
        pinMode (6, OUTPUT);        //IN4
        softPwmCreate(1,1,500);
        softPwmCreate(4,1,500);
        softPwmCreate(5,1,500);
        softPwmCreate(6,1,500);
        while(1)
        {
            dis=disMeasure();
            printf("distance=%0.2f cm\n",dis);        //输出当前超声波测得的距离
            if(dis<30)
            {
                //测得前方障碍的距离小于30cm时做出如下响应
                back(4);                              //后退800 ms
                left(4);                              //左转1200 ms
            }
```

```
        else
        {
            run();                          //无障碍时前进
        }
    }
    return 0;
}
```

本案例只使用了前方的超声波传感器,当检测与前方障碍物距离小于 30cm 时,先后退 800ms,然后向左旋转 1200ms,否则前进。读者可以进一步完善迷宫导航算法。

3.5.2 基于红外传感器的迷宫导航

```
#include <stdio.h>
#include <stdlib.h>
#include <softPwm.h>
#include <time.h>
#include <wiringPi.h>
#define LEFT 11                             //左红外
#define RIGHT 10                            //右红外
void run()                                  //前进
{
    softPwmWrite(4,0);
    softPwmWrite(1,250);                    //左轮前进
    softPwmWrite(6,0);
    softPwmWrite(5,250);                    //右轮前进
}

void brake(int time)                        //停车
{
    softPwmWrite(1,0);
    softPwmWrite(4,0);
    softPwmWrite(5,0);
    softPwmWrite(6,0);
    delay(time * 100);                      //执行时间,可以调整
}

void left()                                 //左转
{
    softPwmWrite(4,250);                    //左轮后退
    softPwmWrite(1,0);
```

```c
        softPwmWrite(6,0);
        softPwmWrite(5,250);                //右轮前进
    }
    void right()                            //右转
    {
        softPwmWrite(4,0);
        softPwmWrite(1,250);                //左轮前进
        softPwmWrite(6,250);                //右轮后退
        softPwmWrite(5,0);

    }
    void back()                             //后退
    {
        softPwmWrite(4,250);                //左轮后退
        softPwmWrite(1,0);
        softPwmWrite(6,250);                //右轮后退
        softPwmWrite(5,0);
    }
    int main(int argc, char * argv[])
    {
        float dis
        int SR;
        int SL;
        wiringPiSetup();
        /* WiringPi GPIO */
        pinMode (1, OUTPUT);        //IN1
        pinMode (4, OUTPUT);        //IN2
        pinMode (5, OUTPUT);        //IN3
        pinMode (6, OUTPUT);        //IN4
        softPwmCreate(1,1,500);
        softPwmCreate(4,1,500);
        softPwmCreate(5,1,500);
        softPwmCreate(6,1,500);
        while(1)
        {
            //有障碍物为 LOW,没有障碍物为 HIGH
            SR=digitalRead(RIGHT);
            SL=digitalRead(LEFT);
            if (SL==LOW&&SR==LOW)           //前方有障碍物
            {
                printf("BACK");             //前面有物体时小车后退 300ms 再转弯
```

```c
            back();
            delay(300);                 //后退300ms
            left();                     //左转600ms
            delay(600);
        }
        else if (SL==HIGH&&SR==LOW)     //右方有障碍物
        {
            printf("TURNING LEFT");
            left();
            delay(300);
        }
        else if (SR==HIGH&&SL==LOW)     //左方有障碍物
        {
            printf("TURNING RIGHT");
            right ();
            delay(300);
        }
        else                            //前面没有障碍物则前进
        {
            printf("GO");
            run();
        }
    }
    return 0;
}
```

本案例只使用了智能小车前方的两个红外避障传感器，经查阅表3-2可知，智能小车左侧红外传感器的wiringPi编号为11，右侧红外传感器的编号为10。当红外传感器检测到障碍物时，输出为LOW，否则为HIGH。读者可以进一步完善迷宫导航算法。

3.5.3 二路循迹的实现

```c
#include <stdio.h>
#include <stdlib.h>
#include <time.h>
#include <wiringPi.h>
#include <softPwm.h>
#define LEFT   27                       //左循迹
#define RIGHT  26                       //右循迹
void run()                              //前进
```

```c
{
    softPwmWrite(4,0);
    softPwmWrite(1,250);
    softPwmWrite(6,0);
    softPwmWrite(5,250);
}
void brake()                        //停车
{
    softPwmWrite(1,0);
    softPwmWrite(4,0);
    softPwmWrite(5,0);
    softPwmWrite(6,0);
}
void left()                         //左转
{
    softPwmWrite(4,250);
    softPwmWrite(1,0);
    softPwmWrite(6,0);
    softPwmWrite(5,250);
}
void right()                        //右转
{
    softPwmWrite(4,0);
    softPwmWrite(1,250);
    softPwmWrite(6,250);
    softPwmWrite(5,0);
}
void back()                         //后退
{
    softPwmWrite(1,250);
    softPwmWrite(4,0);
    softPwmWrite(5,250);
    softPwmWrite(6,0);
}
int main(int argc, char * argv[])
{
    float dis;
    int SR;
    int SL;
    wiringPiSetup();
```

```c
    pinMode (1, OUTPUT);        //IN1
    pinMode (4, OUTPUT);        //IN2
    pinMode (5, OUTPUT);        //IN3
    pinMode (6, OUTPUT);        //IN4
    softPwmCreate(1,1,500);
    softPwmCreate(4,1,500);
    softPwmCreate(5,1,500);
    softPwmCreate(6,1,500);
    while(1)
    {
        SR=digitalRead(RIGHT);      //SR 为 LOW 时表明在白色区域,否则表明压在
                                    //黑线上
        SL=digitalRead(LEFT);       //SL 为 LOW 时表明在白色区域,否则表明压在
                                    //黑线上
        if (SL==HIGH&&SR==HIGH)     //在黑线上
        {
            printf("GO");
            run();
        }
        else if (SL==HIGH&&SR==LOW) //左侧在黑线,右侧在白色区域,左转调整
        {
            printf("LEFT");
            left();
        }
        else if (SR==HIGH&&SL==LOW) //右侧在黑线,左侧在白色区域,右转调整
        {
            printf("RIGHT");
            right();
        }
        else                        //都是白色,停止
        {
            printf("STOP");
            brake();
        }
    }

    return 0;
}
```

二路循迹利用位于智能小车前方底部的两个循迹传感器使智能小车沿着如图 3-6 所示的黑色赛道前进,经查阅表 3-2 可知,左侧的循迹传感器 wiringPi 引脚号为

27，右侧循迹传感器引脚号为 26，当引脚状态为 HIGH 时表明循迹传感器下方为黑色地面，否则为白色地面。

图 3-6　循迹赛道

第4章 树莓派人工智能应用开发

人工智能(Artificial Intelligence,AI)是研究、开发用于模拟、延伸和扩展人的智能的理论、方法、技术及应用系统的一门新的技术科学。

人工智能是计算机科学的一个分支,它企图了解智能的实质,并生产出一种新的能以与人类智能相似的方式做出反应的智能机器,该领域的研究包括机器人、语音识别、图像识别、自然语言处理和专家系统等。人工智能从诞生以来,理论和技术日益成熟,应用领域也不断扩大,可以设想,未来人工智能带来的科技产品,将会是人类智慧的"容器"。人工智能可以对人的意识、思维的信息过程进行模拟。人工智能不是人的智能,但能像人那样思考,也可能超过人的智能。

机器学习是人工智能的一个子集,它是人工智能的核心。机器学习(Machine Learning)是指用某些算法指导计算机利用已知数据得出适当的模型,并利用此模型对新的情境给出判断的过程。机器学习的思想并不复杂,它仅仅是对人类学习过程的一个模拟。而在这整个过程中,最关键的是数据。任何通过数据训练的学习算法的相关研究都属于机器学习,包括很多已经发展多年的技术,比如线性回归(Linear Regression)、K均值(K-means,基于原型的目标函数聚类方法)、决策树(Decision Trees,运用概率分析的一种图解法)、随机森林(Random Forest,运用概率分析的一种图解法)、PCA(Principal Component Analysis,主成分分析)、SVM(Support Vector Machine,支持向量机)以及ANN(Artificial Neural Networks,人工神经网络)。

深度学习是一种特殊的机器学习,是机器学习的一个子集。深度学习通过组合低层特征形成更加抽象的高层表示属性类别或特征,以发现数据的分布式特征表示。深度学习是机器学习研究中的一个新的领域,其动机在于建立、模拟人脑进行分析学习的神经网络,它模仿人脑的机制来解释数据,例如图像、声音和文本。

在深度学习初始阶段,每个深度学习研究者都需要写大量的重复代码。为了提高工作效率,研究者就将这些代码写成了框架放到网上供所有人一起使用。随着时间的推移,不同的框架被提出并得到了广泛的应用。Google在2015年年底开源了内部使用的深度学习框架 TensorFlow，与 Caffe、Theano、Torch、MXNet 等框架相比，TensorFlow 在 Github 上的 Fork 数和 Star 数都是最多的，而且在图形分类、音频处理、推荐系统和自然语言处理等场景下都有丰富的应用。最近流行的 Keras 框架底层默认使用 TensorFlow，著名的斯坦福 CS231n 课程使用 TensorFlow 作为授课和作业的编程语言，国内外多本 TensorFlow 书籍已经在筹备或者发售中，AlphaGo 开发团队 Deepmind 也计划将神经网络应用迁移到 TensorFlow 中，这无不印证了 TensorFlow 在业界的流行程度。TensorFlow 不仅在 Github 开放了源代码，在 *TensorFlow: Large-Scale Machine Learning on Heterogeneous Distributed Systems* 论文中也介绍了系统框架的设计与实现，其中测试过 200 节点规模的训练集群也是其他分布式深度学习框架所不能媲美的。Google 还在 *Wide & Deep Learning for Recommender Systems* 和 *The YouTube Video Recommendation System* 论文中介绍了 Google Play 应用商店和 YouTube 视频推荐的算法模型，还提供了基于 TensorFlow 的代码实例。使用 TensorFlow，任何人都可以在 ImageNet 或 Kaggle 竞赛中得到接近 State of the art 的好成绩。

毫不夸张地说，TensorFlow 的流行让深度学习门槛变得越来越低，只要具有 Python 和机器学习基础，入门和使用神经网络模型就变得非常简单。TensorFlow 支持 Python 和 C++ 两种编程语言，再复杂的多层神经网络模型都可以用 Python 来实现。如果业务使用其他编程语言也不用担心，使用跨语言的 gRPC 或者 HTTP 服务也可以访问使用 TensorFlow 训练好的智能模型。因此本章主要介绍 TensorFlow 的环境搭建和使用方法。

4.1　TensorFlow 开发环境

4.1.1　TensorFlow 开发环境介绍

TensorFlow 是 Google 基于 DistBelief 进行研发的第二代人工智能学习系统，其命名来源于本身的运行原理。Tensor（张量）意味着 N 维数组，Flow（流）意味着基于数据流图的计算，TensorFlow 为张量从流图的一端流动到另一端的计算过程。TensorFlow 是将复杂的数据结构传输至人工智能神经网络中进行分析和处理的系统。

TensorFlow 可被用于语音识别或图像识别等多项机器学习和深度学习领域，它对 2011 年开发的深度学习基础架构 DistBelief 进行了各方面的改进，可在小到一部智能手机、大到数千台数据中心服务器的各种设备上运行。TensorFlow 将完全开源，任何人都可以用。

TensorFlow 表达了高层次的机器学习计算，大幅简化了第一代系统，并且具备更好的灵活性和可延展性。TensorFlow 的一大亮点是支持异构设备分布式计算，它能够在各个平台上自动运行模型，从手机、单个 CPU/GPU 到成百上千 GPU 卡组成的分布式系统。目前，TensorFlow 支持 CNN、RNN 和 LSTM 算法，这些都是目前在 Image、Speech 和 NLP 最流行的深度神经网络模型。

4.1.2　TensorFlow 开发环境的搭建

TensorFlow 有以下两种版本。

（1）仅支持 CPU 的 TensorFlow 版本。

（2）支持 GPU 加速计算的 TensorFLow 版本。

GPU 版本的 TensorFlow 对硬件和软件都有所要求，需要对应版本的 NVIDIA 的 GPU 以及 CUDA 和 cuDNN，比较复杂，这里不做介绍。

TensorFlow 一般有四种安装方法。

（1）Virtualenv：Virtualenv 是一个独立的虚拟 Python 环境，将虚拟环境中的 Python 程序和实际主机中的 Python 程序隔离开，不会相互影响。

（2）pip：直接使用 pip 安装会将 TensorFlow 直接安装在主机之中，可能与现有的 Python 库相互影响。

（3）Anaconda：使用 Anaconda 可以创建一个虚拟环境，与第一种安装方式类似。

（4）从源码编译安装。

Anaconda 是一个用于科学计算的 Python 发行版，支持 Linux、Mac、Windows 系统，包括常用的用于科学计算的 Python 库，并且提供了包管理和环境管理的功能，比较方便，因此这里使用 Anaconda 来进行 TensorFlow 的安装。

1. Linux 系统 TensorFlow 的安装

（1）从 https://repo.continuum.io/archive/index.html 上下载对应版本的 Anaconda，如图 4-1 所示。

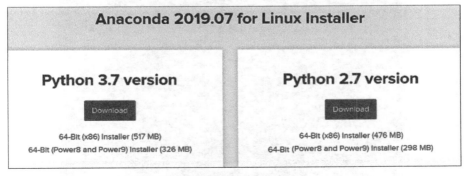

图 4-1　Anaconda 版本

以 Anaconda2 版本为例，对应 Python 2.7 版本，下载完成后得到 Anaconda2-

4.5.0-Linux-x86_64.sh 文件(下载好的文件在系统用户的 Downloads 文件夹下)。

(2) 打开 terminal,输入如下命令,然后回车。

```
bash /home/tensorflow/Downloads/Anaconda2-4.5.0-Linux-x86_64.sh
```

这里的/home/tensorflow/Downloads/是存放 Anaconda2-4.5.0-Linux-x86_64.sh 的路径(这里的/home/tensorflow 为创建 Linux 系统时所取的系统用户所在的路径,tensorflow 为系统用户名)。

(3) 阅读 license,一步步回车阅读,出现 more 时通过回车往下继续阅读,如图 4-2 所示。

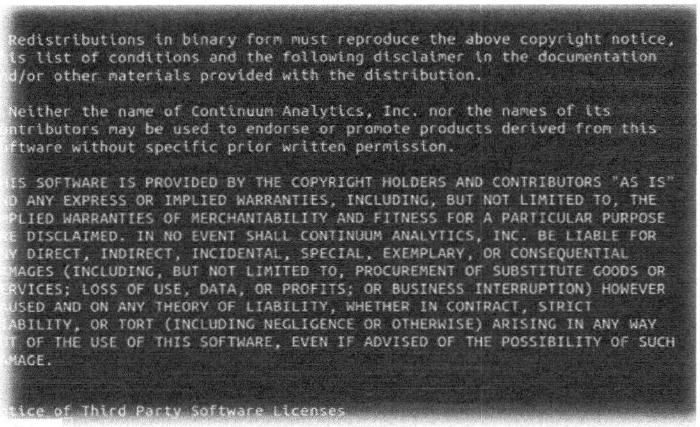

图 4-2　Anaconda license 注意事项

(4) 当提示"是否同意许可条目"时,输入 yes,表示接受 license,在设置安装路径时,如果使用默认安装路径,直接回车即可,如图 4-3 所示。

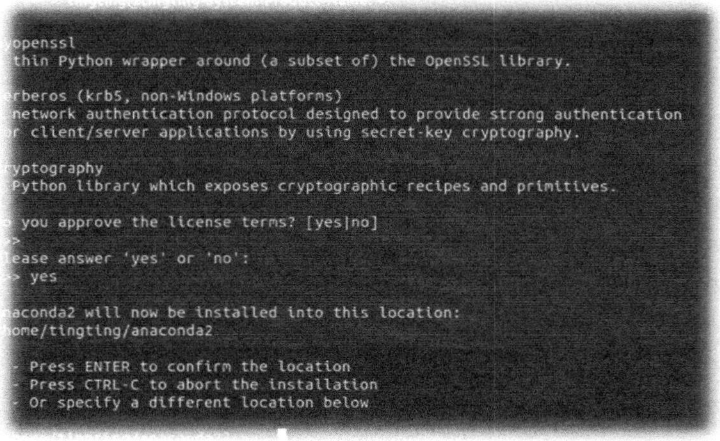

图 4-3　Anaconda license 授权

(5) 然后开始自动安装，如图 4-4 所示。

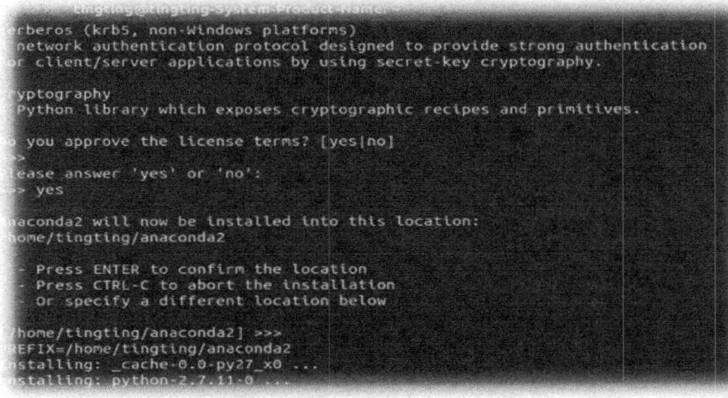

图 4-4　自动安装

当出现"是否希望将 Anaconda 的安装路径添加到环境变量中"的提示时，一定要输入"yes"，否则添加环境变量会比较麻烦，如图 4-5 所示。

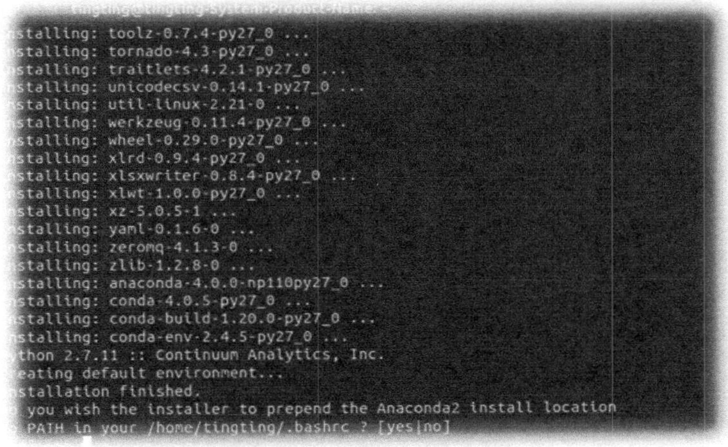

图 4-5　添加环境变量提示

(6) 最后安装完成，如图 4-6 所示。
(7) conda 常用命令如下。
① conda list 查看安装了哪些包。
② conda env list 或 conda info -e 查看当前存在哪些虚拟环境。
③ conda update conda 检查更新当前 conda。
(8) 建立虚拟环境：在使用 Python 语言的时候我们使用 pip 来安装第三方包，而由于 pip 的特性，系统中只能安装每个包的一个版本。但是在实际项目开发中，不同项目可能需要第三方包的不同版本，Python 的解决方案就是虚拟环境。顾名思

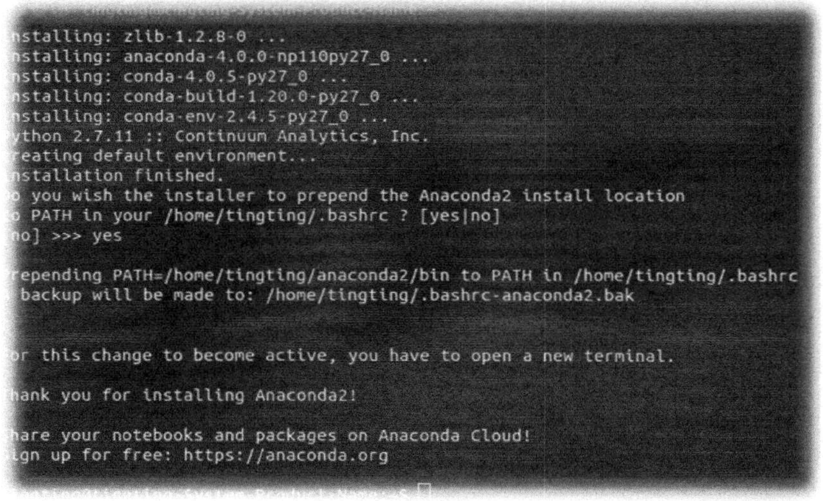

图 4-6　安装完成界面

义,虚拟环境就是虚拟出来的一个隔离的 Python 环境,每个项目都可以有自己的虚拟环境,在其中用 pip 安装各自的第三方包,不同项目之间也不会存在冲突。

在 terminal 中输入

```
conda create -n tensorflow python=2.7
```

会建立 Python 版本为 2.7,名字为"tensorflow"的虚拟环境,tensorflow 文件夹可以在 Anaconda 安装目录 envs 文件夹下找到,如图 4-7 所示。

(9) 激活虚拟环境:建立好虚拟环境之后需要激活才可以使用。在 terminal 中输入

```
source activate tensorflow
```

即可激活"tensorflow"虚拟环境,如图 4-8 所示;输入"source deactivate tensorflow"则可以退出虚拟环境。

(10) 安装 TensorFlow:激活虚拟环境以后可以在当前的环境中安装额外的包。在 terminal 中输入

```
conda install -n tensorflow tensorflow
```

安装命令中第一个 tensorflow 表示虚拟环境名称,第二个 tensorflow 表示安装包的名字。

(11) 测试 tensorflow 是否安装成功:在 terminal 中输入"python",按回车键,进入 Python 编程环境;然后输入"import tensorflow"导入 tensorflow 框架,如果未提示错误,则安装成功。

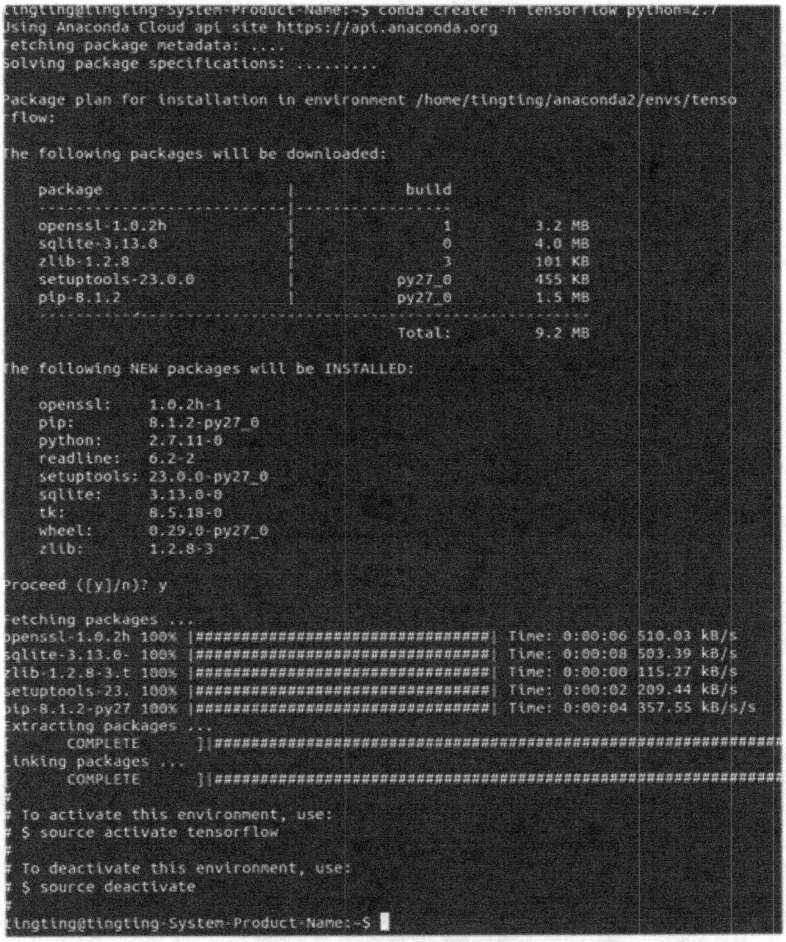

图 4-7　虚拟环境的建立

图 4-8　虚拟环境的激活

2. Windows 系统 TensorFlow 的安装

（1）从 https://www.anaconda.com/distribution/下载对应 Windows 版本的 Anaconda，如图 4-9 所示。本教程以 Python 3.7 版本为例。

（2）下载完成后对 Anaconda 进行安装，注意选择自动配置环境变量。要验证 Anaconda 是否成功安装，可打开计算机的 cmd 命令窗口，输入"conda - -version"，如果出现与图 4-10 类似的结果即表示安装成功。

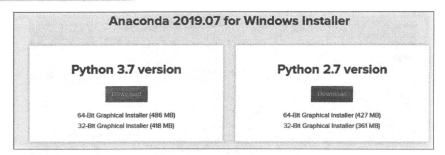

图 4-9　Anaconda 版本

图 4-10　安装验证

（3）由于 TensorFlow 最适合的版本是 Python 3.5，而 Anaconda 自带的是 3.7 版本的 Python，因此需要通过建立虚拟环境来下载 Python 3.5 版本的 TensorFlow。在终端输入

```
conda create--name tensorflow python=3.5.2
```

可以建立 Python 版本为 3.5.2 的虚拟环境，如图 4-11 所示。

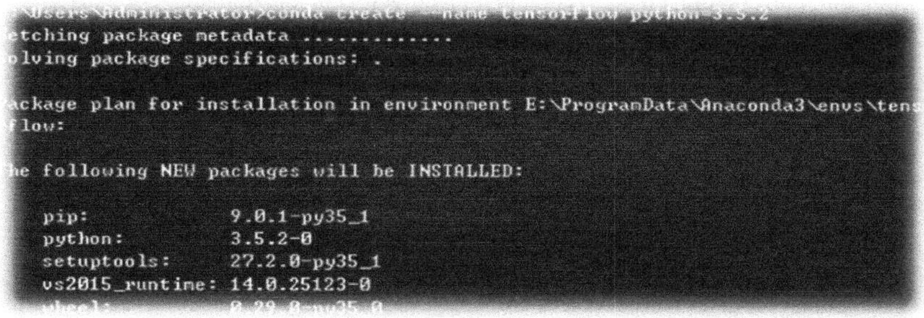

图 4-11　虚拟环境的建立

（4）激活虚拟环境：在命令行输入"activate tensorflow"即可激活名为"tensorflow"的虚拟环境，如图 4-12 所示；输入"deactivate tensorflow"可以退出虚拟环境。

图 4-12　虚拟环境的激活

（5）TensorFlow 有以下两种安装方式。

① 打开 cmd 输入

```
conda install -n tensorflow tensorflow
```

② 打开 cmd 输入

`pip install tensorflow`

如果计算机中安装了不同版本的 Python，直接使用 pip 命令有可能会在其他环境中安装 TensorFlow，因此需要设置环境变量。如果希望在"tensorflow"虚拟环境中安装 TensorFlow 框架，则需要执行虚拟环境中的 Scripts 文件夹中的 pip.exe，如图 4-13 所示，因此需要在环境变量中将此 pip.exe 所在的目录优先级设置为最高。具体方法为：依次打开"我的电脑"→"属性"→"高级系统设置"→"环境变量"→PATH，然后将虚拟环境的 Scripts 目录添加到 PATH 中，并将其移动到其他版本 Python 的 Scripts 文件夹的最上面，如图 4-14 所示。此时执行 pip 命令时会优先为"tensorflow"虚拟环境进行安装。

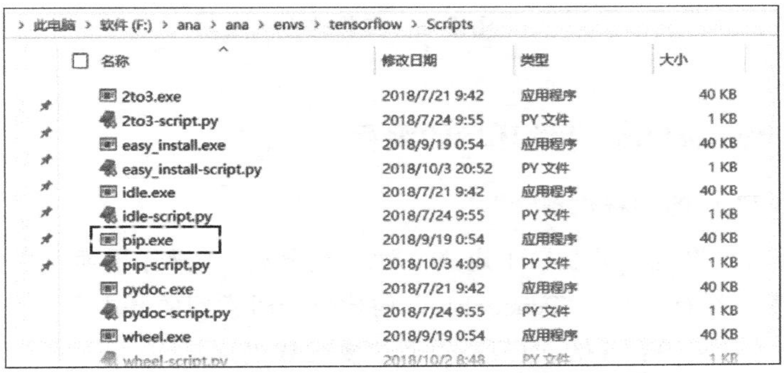

图 4-13　虚拟环境 Scripts 目录

图 4-14　环境变量的修改

（6）最后显示"Successfully installed"，则表示成功安装了 TensorFlow，如图 4-15 所示。

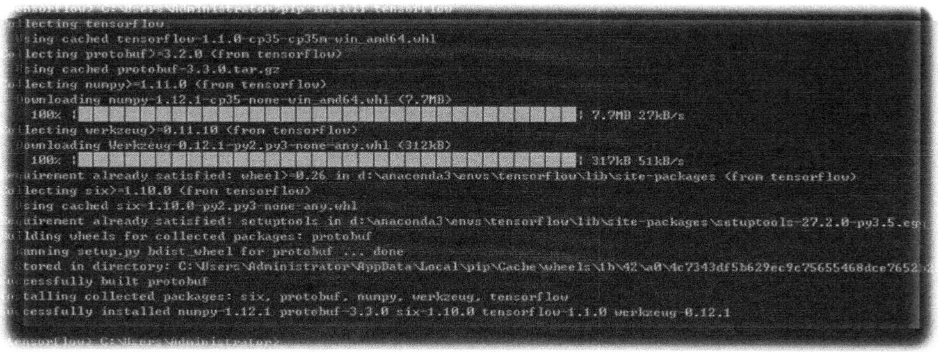

图 4-15　安装成功

4.1.3　TensorFlow 开发环境的编程

1. TensorFlow 的编程机制

TensorFlow 的运行机制属于定义和运行相分离，在操作层面可以抽象成两种：模型构建和模型运行。基于 TensorFlow 构建模型时常用的基本概念有以下 4 个。

（1）张量（tensor）：数据，即某一类型的多维数组。

（2）变量（variable）：常用于定义模型中的参数，是指通过不断训练得到的值。

（3）占位符（placeholder）：输入变量的载体，也可以理解成模型的参数。

（4）图中的节点操作（operation，op）：一个 op 获得 0 个或多个 tensor，输出得到的 tensor。

在 TensorFlow 中计算图代表一个计算任务，在模型运行的环节中，图在会话中被启动，session 将图中的 op 分发到 CPU 或 GPU 子类的设备上，同时提供执行 op 的方法。这些方法执行后，将产生 tensor 返回，在 Python 中返回的是 numpy 的 ndarray 对象，在 C/C++ 中返回的 tensor 是"TensorFlow::Tensor"实例。

session 与图交互过程中还定义了下面两种数据流向机制。

（1）注入机制（feed）：通过占位符模型传入数据。

（2）取回机制（fetch）：从模型中得到结果。

1）Hello world 示例

下面编写了一个 Hello world 程序：

```
import tensorflow as tf
hello=tf.constant('Hello world')
sess=tf.Session()
print(sess.run(hello))
```

```
sess.close()
```

建立 session,在 session 中输出 Hello world,通过 run 方法得到 hello 的值。

2)加法计算示例

```
#/usr/bin/python
#-*-encoding:utf-8-*-
import tensorflow as tf
import numpy as np
a=tf.constant(4)
b=tf.constant(2)
with tf.Session() as sess:
    print("相加: a+b ", sess.run(a+b))
    print("相乘: a*b ", sess.run(a*b))
```

with session 的用法是最常见的,它主要使用 Python 中的 with 语法,即当程序结束时,会自动关闭 session,最后不需要写 close。

3)注入机制示例

下面介绍 TensorFlow 编程中注入机制的使用方法,将具体的实参注入到相应的 placeholder 中。feed 只在调用的方法内有效,方法结束后 feed 就会自动消失。

```
import tensorflow as tf
import numpy as np
a=tf.placeholder(tf.int32)
b=tf.placeholder(tf.int32)
add=tf.add(a, b)
mul=tf.multiply(a, b)
with tf.Session() as sess:
    print("相加: ", sess.run(add, feed_dict={a:3, b:2}))
    print("相乘: ", sess.run(mul, feed_dict={a:4, b:6}))
```

通过以上这些简单的代码可以看到 TensorFlow 的使用非常简捷方便,通过 Python 标准库的形式导入,不需要启动额外的服务。第一次接触 TensorFlow 可能比较疑惑,这段逻辑 Python 也可以实现,为什么要使用 tf.constant()和 tf.Session()呢?其实 TensorFlow 通过 graph 和 session 来定义运行的模型和训练,这在复杂的模型和分布式训练上有非常大的好处。

4)逻辑回归模型

前面的示例并没有涉及模型的训练,接下来介绍一个逻辑回归问题与模型。使用 numpy 构建一组线性关系的数据,通过 TensorFlow 实现随机梯度下降算法对模型进行训练,在训练足够长的时间后可以自动求解函数中的斜率和截距。

使用如下代码进行训练,输出的斜率 w 约为 0.1,截距 b 约为 0.3,与构建的数据之间的关联关系十分吻合!注意在 TensorFlow 代码中并没有实现最小二乘法等算法，也没有 if-else 来控制代码逻辑，完全是由数据驱动并且根据梯度下降算法动态调整 Loss 值学习出来的。这样即使换了其他数据集，甚至换成图像分类等其他领域的问题，无须修改代码也可以由机器自动学习，这也是神经网络和 TensorFlow 强大的地方。

```
import os
os.environ['TF_CPP_MIN_LOG_LEVEL']='2'
import tensorflow as tf
import numpy as np
x_data=np.random.rand(100).astype(np.float32)
y_data=x_data * 0.1+0.3
Weights=tf.Variable(tf.random_uniform([1], -1.0, 1.0))
biases=tf.Variable(tf.zeros([1]))

y=Weights * x_data+biases
loss=tf.reduce_mean(tf.square(y-y_data))
optimizer=tf.train.GradientDescentOptimizer(0.5)
train=optimizer.minimize(loss)
#init=tf.initialize_all_variables()
init=tf.global_variables_initializer()
###create tensorflow structure end ###
sess=tf.Session()
sess.run(init)
for step in range(201):
    sess.run(train)
    if step %10==0:
        print(step, sess.run(Weights), sess.run(biases))
```

上述模型只有 w 和 b 两个变量，如果数据处于非线性关系就难以得到很好的结果，因此建议使用深层神经网络，即深度学习模型。Google 在 2014 年凭借 Inception 深度学习模型赢下了 ImageNet 全球竞赛，其代码就是基于 TensorFlow 实现的，代码如下所示。

```
def
inception_v3(inputs,num_classes=1000,is_training=True,droupot_keep_prob
=0.8,prediction_fn=slim.softmax,spatial_squeeze=True,reuse=None,scope
="InceptionV3"):
    """
    InceptionV3 整个网络的构建
    param :
    inputs --输入 tensor
    num_classes --最后分类数目
```

```
is_training --是否是训练过程
droupot_keep_prob --dropout 保留节点比例
prediction_fn --最后分类函数,默认为 softmax
patial_squeeze --是否对输出去除维度为 1 的维度
reuse --是否对网络和 Variable 重复使用
scope --函数默认参数环境
return:
logits --最后输出结果
end_points --包含辅助节点的重要节点字典表
"""
with tf.variable_scope(scope,"InceptionV3",[inputs,num_classes],
                reuse=reuse) as scope:
    with slim.arg_scope([slim.batch_norm,slim.dropout],
                    is_training=is_training):
        net,end_points=inception_v3_base(inputs,scope=scope)
        #前面定义的整个卷积网络部分
        
        #辅助分类节点部分
        with slim.arg_scope([slim.conv2d,slim.max_pool2d,slim.avg_
          pool2d], stride=1,padding="SAME"):
            #通过 end_points 取到 Mixed_6e
            aux_logits=end_points["Mixed_6e"]
            with tf.variable_scope("AuxLogits"):
                aux_logits=slim.avg_pool2d(aux_logits,kernel_size=
                  [5,5],stride=3, padding="VALID",scope="Avgpool_1a_
                  5x5")
                aux_logits=slim.conv2d(aux_logits,num_outputs=128,
                  kernel_size=[1,1],scope="Conv2d_1b_1x1")
                aux_logits=slim.conv2d(aux_logits,num_outputs=768,
                  kernel_size=[5,5], weights_initializer=trunc_normal
                  (0.01),padding="VALID", scope="Conv2d_2a_5x5")
                aux_logits=slim.conv2d(aux_logits,num_outputs=num_
                  classes,kernel_size=[1,1], activation_fn=None,
                  normalizer_fn=None, weights_initializer=trunc_
                  normal(0.001),scope="Conv2d_1b_1x1")
                #消除 tensor 中前两个维度为 1 的维度
                if spatial_squeeze:
                    aux_logits=tf.squeeze(aux_logits,axis=[1,2],
                      name="SpatialSqueeze")
                #将辅助节点分类的输出 aux_logits 存到 end_points 中
                end_points["AuxLogits"]=aux_logits
            #正常分类预测
```

```python
with tf.variable_scope("Logits"):
    net=slim.avg_pool2d(net,kernel_size=[8,8],padding=
    "VALID", scope="Avgpool_1a_8x8")
    net=slim.dropout(net,keep_prob=droupot_keep_prob,
    scope="Dropout_1b")
    end_points["Logits"]=net

    logits=slim.conv2d(net,num_outputs=num_classes,
    kernel_size=[1,1],activation_fn=None, normalizer_fn=
    None,scope="Conv2d_1c_1x1")
    if spatial_squeeze:
        logits=tf.squeeze(logits,axis=[1,2],name=
        "SpatialSqueeze")

end_points["Logits"]=logits
end_points["Predictions"]=prediction_fn(logits,scope=
"Predictions")

return logits,end_points
```

使用 TensorFlow 已经封装好的全连接网络、卷积神经网络、RNN 和 LSTM，已经可以组合出各种网络模型，实现 Inception 这样的多层神经网络如拼搭乐高积木一样简单。但在选择优化算法、生成 TFRecords、导出模型文件和支持分布式训练上有比较多的细节。

2. TensorFlow 核心使用技巧

为了介绍 TensorFlow 的各种用法，我们将使用 deep_recommend_system 这个开源项目，如图 4-16 所示。它实现了 TFRecords、QueueRunner、Checkpoint、TensorBoard、Inference、GPU 支持、分布式训练和多层神经网络模型等特性，而且可以轻易拓展实现 Wide and Deep 等模型，在实际的项目开发中可以直接下载使用。

1）准备训练数据

一般 TensorFlow 应用代码包含 graph 的定义和 session 的运行，代码量不大可以封装到一个文件中，如 cancer_classifier.py 文件。训练前需要准备样本数据和测试数据，一般数据文件是用空格或者逗号分隔的 CSV 文件，但 TensorFlow 建议使用二进制的 TFRecords 格式，这样可以支持 QueueRunner 和 Coordinator 进行多线程数据读取，并且可以通过 batch size 和 epoch 参数来控制训练时单次 batch 的大小和对样本文件迭代训练的轮数。如果直接读取 CSV 文件，需要在代码中记录下一次读取数据的指针，而且在样本无法全部加载到内存时使用非常不便。在 data 目录，项目已经提供了 CSV 与 TFRecords 格式转换工具 convert_cancer_to_tfrecords.py，参考这个脚本就可以将 parse 任意格式的 CSV 文件，转成 TensorFlow 支持的

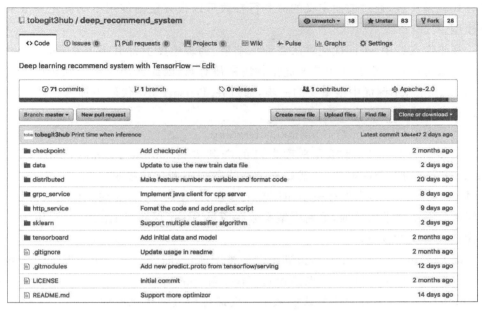

图 4-16 deep_recommend_system 开源项目

TFRecords 格式。无论是大数据还是小数据,通过简单的脚本工具就可以直接对接 TensorFlow,项目中还提供 print_cancer_tfrecords.py 脚本来调用 API 直接读取 TFRecords 文件的内容。

2) 接收命令行参数

有了 TFRecords 就可以编写代码来训练神经网络模型了,但众所周知,深度学习有过多的 Hyperparameter 需要调优,优化算法、模型层数和不同模型都需要不断调整,这时候使用命令行参数是非常方便的。TensorFlow 底层使用了 python-gflags 项目,然后封装成 tf.app.flags 接口,使用起来非常简单和直观,在实际项目中一般会提前定义命令行参数,尤其在后面将会提到的 Cloud Machine Learning 服务中,通过参数来简化 Hyperparameter 的调优。

3) 定义神经网络模型

准备完数据和参数,最重要的还是要定义好网络模型,定义模型参数可以很简单,创建多个 Variable 即可,也可以做得比较复杂,例如,使用 tf.variable_scope() 和 tf.get_variables() 接口。为了保证每个 Variable 都有独特的名字,而且能轻易地修改隐层节点数和网络层数,建议参考项目中的代码,尤其在定义 Variables 时注意要绑定 CPU,TensorFlow 默认使用 GPU 可能导致参数更新过慢。

4) 使用不同的优化算法

定义好网络模型,使用哪种 Optimizer 去优化模型参数,是应该选择 Sgd、Rmsprop 还是选择 Adagrad、Ftrl 呢?对于不同场景和数据集没有固定的答案,最好的方式就是实践,通过前面定义的命令行参数可以很方便地使用不同优化算法来训练模型。

在生产实践中,不同优化算法在训练结果、训练速度上都有很大差异,过度优化网络参数可能效果没有使用其他优化算法来得有效,因此选用正确的优化算法也是 Hyperparameter 调优中很重要的一步,通过在 TensorFlow 代码中加入这段逻辑也可以很好地实现对应的功能。

5) Online learning 与 Continuous learning

很多机器学习厂商都会宣称自己的产品支持 Online learning,其实这只是 TensorFlow 的一个基本功能,就是支持在线数据不断优化模型。TensorFlow 可以通过 tf.train.Saver() 来保存模型和恢复模型参数,使用 Python 加载模型文件后,可不断接收在线请求的数据,更新模型参数后通过 Saver 保存成 checkpoint,用于下一次优化或者线上服务。

而 Continuous training 是指训练即使被中断,也能继续上一次的训练结果继续优化模型,在 TensorFlow 中也是通过 Saver 和 checkpoint 文件来实现。在 deep_recommend_system 项目中默认能从上一次训练中继续优化模型,也可以在命令行中指定 train_from_scratch,不仅不用担心训练进程被中断,也可以一边训练一边做 inference 提供线上服务。

6) 使用 TensorBoard 优化参数

TensorFlow 还集成了一个功能强大的图形化工具,即 TensorBoard,一般只需要在代码中加入训练指标,TensorBoard 就会自动根据这些参数绘图,通过可视化的方式来了解模型训练的情况,如图 4-17 所示。

7) 分布式 TensorFlow 应用

TensorFlow 具有强大的分布式计算功能,传统的计算框架如 Caffe,原生不支持分布式训练,在数据量巨大的情况下往往无法通过增加机器扩展。TensorFlow 承载了 Google 各个业务 PB 级的数据,在设计之初就考虑到分布式计算的需求,通过 gRPC、Protobuf 等高性能库实现了神经网络模型的分布式计算。

实现分布式 TensorFlow 应用并不难,构建 graph 代码与单机版相同,如下代码实现了一个分布式的 cancer_classifier.py 例子,通过下面的命令就可以启动多 ps 多 worker 的训练集群。

```
cancer_classifier.py --ps_hosts=127.0.0.1:2222,127.0.0.1:2223
--worker_hosts=127.0.0.1:2224,127.0.0.1:2225 --job_name=ps --task_index
=0

cancer_classifier.py --ps_hosts=127.0.0.1:2222,127.0.0.1:2223
--worker_hosts=127.0.0.1:2224,127.0.0.1:2225 --job_name=ps --task_index
=1
```

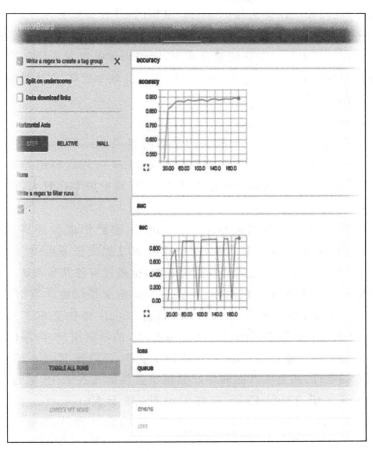

图 4-17　TensorBoard

```
cancer_classifier.py --ps_hosts=127.0.0.1:2222,127.0.0.1:2223
--worker_hosts=127.0.0.1:2224,127.0.0.1:2225 --job_name=worker --task_
index=0
```

```
cancer_classifier.py --ps_hosts=127.0.0.1:2222,127.0.0.1:2223
--worker_hosts=127.0.0.1:2224,127.0.0.1:2225 --job_name=worker --task_
index=1
```

在深入阅读代码前,需要了解分布式 TensorFlow 中 ps、worker、in-graph、between-graph、synchronous training 和 asynchronous training 的概念。首先,ps 是整个训练集群的参数服务器,保存模型的 Variable;worker 是计算模型梯度的节点,得到的梯度向量会交付给 ps 更新模型。in-graph 与 between-graph 对应,但两者都可以实现同步训练和异步训练,in-graph 指整个集群由一个 client 来构建 graph,并且由这个 client 来提交 graph 到集群中,其他 worker 只负责处理梯度计算的任务,而 between-graph 指的是一个集群中多个 worker 可以创建多个 graph,但由于

worker 运行的代码相同因此构建的 graph 也相同,并且参数都保存到相同的 ps 中保证训练同一个模型,这样多个 worker 都可以构建 graph 和读取训练数据,适合大数据场景。同步训练和异步训练的差异在于,同步训练每次更新梯度需要阻塞等待所有 worker 的结果,而异步训练不会有阻塞,训练的效率更高,在大数据和分布式的场景下一般使用异步训练。

8) Cloud Machine Learning

前面已经介绍了 TensorFlow 相关的全部内容,TensorFlow 虽然功能强大,但究其本质还是一个 library,用户除了编写 TensorFlow 应用代码还需要在物理机上起服务,并且手动指定训练数据和模型文件的目录,维护成本比较大,而且机器之间不可共享。

纵观大数据处理和资源调度行业,Hadoop 生态俨然成为业界的标准,通过 MapReduce 或 Spark 接口来处理数据,用户通过 API 提交任务后由 Yarn 进行统一的资源分配和调度,不仅让分布式计算成为可能,也通过资源共享和统一调度平台极大地提高了服务器的利用率。很遗憾 TensorFlow 定义是深度学习框架,并不包含集群资源管理等功能,但开源 TensorFlow 以后,Google 很快公布了 Google Cloud ML 服务,我们从 Alpha 版本开始已经是 Cloud ML 的早期用户,深深体会到云端训练深度学习的便利性。通过 Google Cloud ML 服务,可以把 TensorFlow 应用代码直接提交到云端运行,甚至可以把训练好的模型直接部署在云上,通过 API 就可以直接访问,也得益于 TensorFlow 良好的设计,基于 Kubernetes 和 TensorFlow serving 实现了 Cloud Machine Learning 服务,架构设计和使用接口都与 Google Cloud ML 类似。

4.2 机器视觉应用开发

机器视觉应用开发主要使用到了 TensorFlow 和 OpenCV 框架。OpenCV 是一个基于 BSD 许可(开源)发行的跨平台计算机视觉库,可以运行在 Linux、Windows、Android 和 Mac OS 操作系统上。它轻量而且高效——由一系列 C 函数和少量 C++ 类构成,同时提供了 Python、Ruby、MATLAB 等语言的接口,实现了图像处理和计算机视觉方面的很多通用算法。

4.2.1 树莓派图形化界面的访问

基于树莓派的机器视觉应用开发需要保证树莓派的持续供电,因此需要将充电宝或者电源适配器连接至如图 4-18 所示的树莓派的 Micro USB 接口。

树莓派的图形化界面的访问方式主要有以下四种。

图 4-18　树莓派接口

（1）连接显示器：树莓派的 HDMI 接口外接显示器，然后在树莓派的图形化系统界面连接 Wi-Fi 访问网络。

（2）PC 连接树莓派热点：PC 连接树莓派创建的热点，在 PC 上使用"远程桌面连接"访问树莓派的图形化界面。树莓派的网络接口通过网线连接至路由器，由于 PC 可以共享树莓派的网络，从而实现 PC 与树莓派可以同时访问网络。

（3）PC 与树莓派直接连接：树莓派的网线接口通过网线连接至 PC 的网线接口，通过使用 VNC Viewer 访问树莓派的图形化界面。具体步骤如下。

① 检查"ssh"文件：将树莓派的 SD 卡插入读卡器，检查是否存在名为"ssh"的文件，如果没有，则创建一个。

② 查找树莓派 IP 地址：首先在"运行"对话框中输入"cmd"打开命令窗口，然后输入"ipconfig"，查找"以太网适配器 以太网"的 IPv4 地址（本例中为 192.168.0.1），如图 4-19 所示，然后输入"arp -a"。"192.168.0.1"下面的第一个 IP 地址（192.168.0.40）即为树莓派的 IP 地址，如图 4-20 所示。

③ 开启 VNC 服务：需要借助 SSH 工具（PuTTY，Xshell 等），通过命令行开启树莓派 VNC 服务。以 PuTTY 为例，在 IP address 位置输入第二步找到的树莓派 IP 地址。单击 Open 按钮之后输入用户名（pi）和密码（raspberry），如图 4-21 所示。

连接之后在命令行输入：

```
sudo raspi-config
```

按照 Interfacing Options→VNC→Yes 的顺序进行选择操作，之后系统提示是否要安装 VNC 服务，输入"y"之后回车，等待系统自动下载安装完成。

为了使树莓派每次开机都自动开启 VNC 服务，需要进行如下配置。

创建 vncserver 文件：

```
sudo nano /etc/init.d/vncserver
```

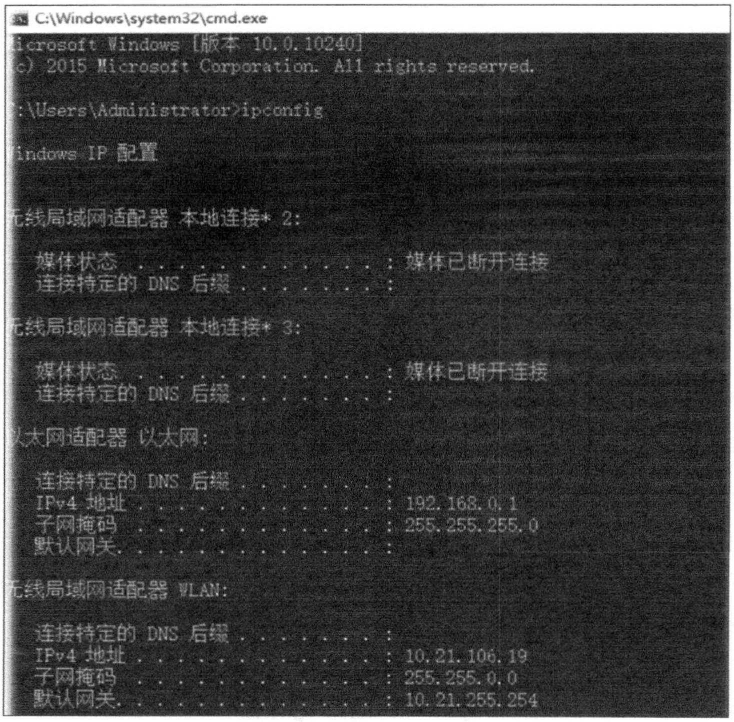

图 4-19 PC 网络接口的 IP 地址

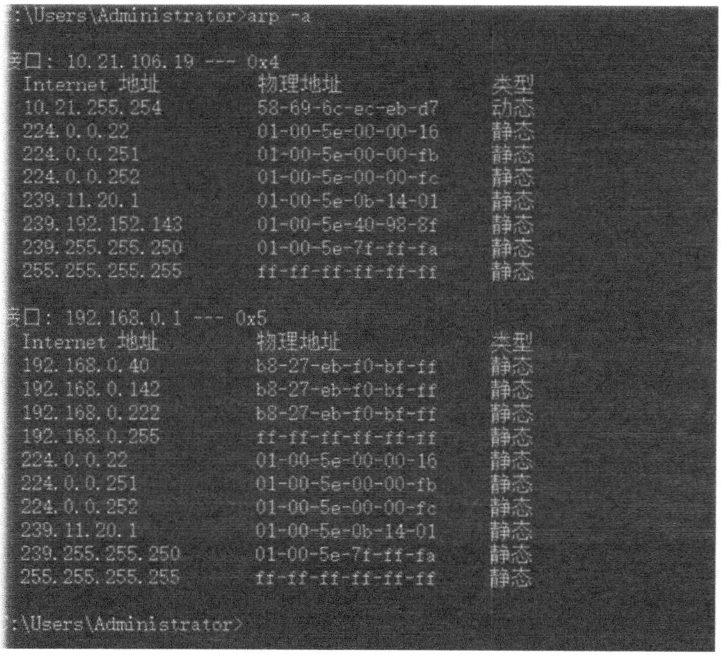

图 4-20 树莓派的 IP 地址

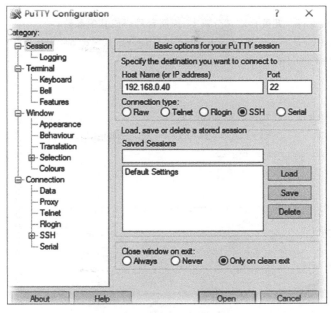

图 4-21 PuTTY 连接界面

将下列代码复制到文件中：

```sh
#!/bin/sh
### BEGIN INIT INFO
# Provides:          vncserver
# Required-Start:    $local_fs
# Required-Stop:     $local_fs
# Default-Start:     2 3 4 5
# Default-Stop:      0 1 6
# Short-Description: Start/stop vncserver
### END INIT INFO

# More details see:
# http://www.penguintutor.com/linux/vnc


### Customize this entry
# Set the USER variable to the name of the user to start vncserver under
export USER='pi'
### End customization required

eval cd ~$USER

case "$1" in
```

```
        start)
            #启动命令行。此处自定义分辨率、控制台号码或其他参数
            su $USER - c '/usr/bin/vncserver - depth 16 - geometry 1024x768 :1'
            echo "Starting VNC server for $USER "
            ;;
        stop)
            #终止命令行。此处控制台号码与启动一致
            su $USER - c '/usr/bin/vncserver - kill :1'
            echo "vncserver stopped"
            ;;
        *)
            echo "Usage: /etc/init.d/vncserver {start|stop}"
            exit 1
            ;;
esac
exit 0
```

修改权限：

```
sudo chmod 755 /etc/init.d/vncserver
```

添加开机启动项：

```
sudo update-rc.d vncserver defaults
```

重启树莓派：

```
sudo reboot
```

④ VNC Viewer 访问树莓派操作系统图形化界面：下载 VNC Viewer，在 VNC Server 栏输入"树莓派 IP 地址：1"，其中，"：1"代表端口号，单击 OK 按钮，根据提示输入树莓派密码（raspberry）即可访问树莓派图形化界面，如图 4-22 所示。

⑤ 网络连接：PC 通过 Wi-Fi 连接网络，依次打开"控制面板"→网络和 Internet→"网络连接"，鼠标右键单击 WLAN，选择"属性"，勾选"允许其他网络用户通过此计算机的 Internet 连接来连接"，如图 4-23 所示，此时树莓派可以共享 PC 的网络，实现 PC 与树莓派同时访问互联网。

⑥ 模板共享：VNC 和 Windows 之间的复制粘贴模板不共享，想要开启它们之间的复制粘贴，需要输入如下命令。

```
sudo apt install autocutsel
autocutsel -f
```

(4) 树莓派和 PC 同时连接手机移动热点：树莓派和 PC 连接手机同一个热点，此时树莓派和 PC 可以访问互联网，同时 PC 能够通过远程桌面连接访问树莓派图形

第4章 树莓派人工智能应用开发

图 4-22 树莓派图形化界面

图 4-23 网络连接配置

化界面。具体步骤如下。

① 修改 wpa_supplicant.conf 文件,如图 4-24 所示。

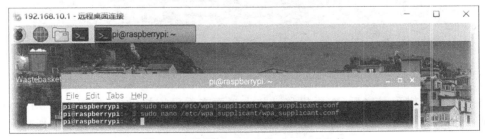

图 4-24 编辑 wpa_supplicant.conf 文件

添加如图 4-25 所示的内容，其中，ssid 是无线网络名称，psk 是密码，key_mgmt 是加密方式。

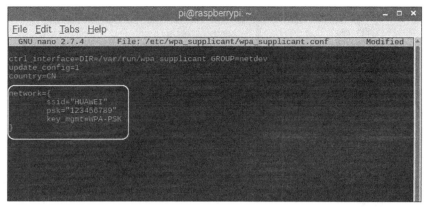

图 4-25　添加网络配置

② 在终端输入：

sudo nano /etc/dhcpcd.conf

修改 dhcpcd.conf 文件，删除或注释掉最后一行的静态 IP 地址，如图 4-26 所示。

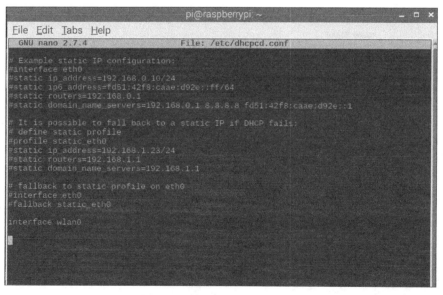

图 4-26　修改后的 dhcpcd.conf

③ 重启树莓派之后，在手机移动热点界面查看已连接设备，如图 4-27 所示；找到 raspberrypi 对应的 IP 地址，在远程桌面连接中输入即可在 PC 远程登录树莓派系统，如图 4-28 所示。此时 PC 和树莓派都可以通过手机热点访问互联网。

第4章 树莓派人工智能应用开发　93

图 4-27　手机已连接设备

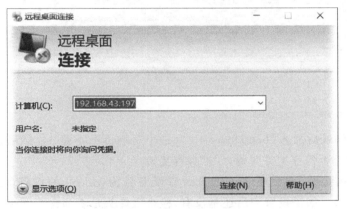

图 4-28　远程桌面连接

4.2.2　摄像头的安装与配置

(1) 打开树莓派终端执行：

sudo raspi-config

(2) 选择 Interfacing Options Configure connections to peripherals，如图 4-29 所示。

(3) 再选择 Camera，打开摄像头，如图 4-30 所示。

(4) 安装驱动：

sudo apt-get install libv4l-dev

(5) 安装完成后，这时还不能在/dev 目录下看到设备号，要设置 modules 文件加载驱动：

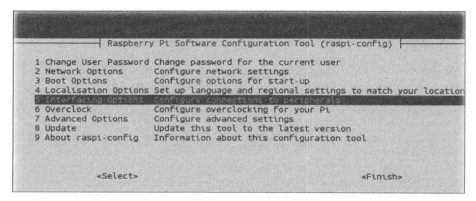

图 4-29 树莓派配置界面

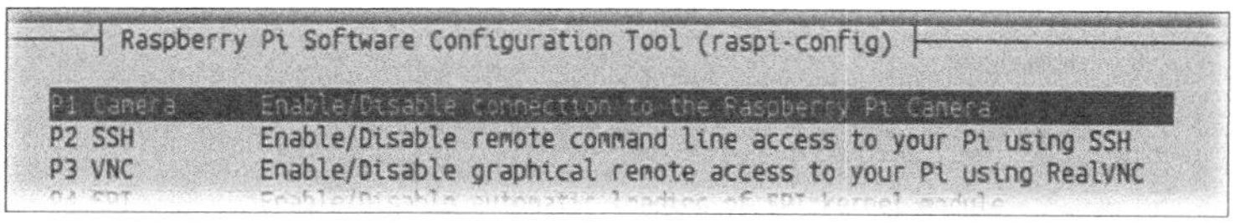

图 4-30 摄像头配置

sudo nano /etc/modules

① 在文件最后加入"bcm2835-v4l2"(是小写字母 l,不是 1),然后按 Ctrl+X 组合键,当提示是否保存文件时输入"y"保存更改。

② 重启树莓派,查看在/dev 下是否有设备号为 video0 的设备(终端输入 cd /dev 和 ls 命令)。如果设置完后还是没有,检查摄像头是否和树莓派接触正常。

(6) 输入命令:

vcgencmd get_camera

如果得如图 4-31 所示结果则证明摄像头连接成功。

图 4-31 摄像头的检测

(7) 输入命令:

raspistill -o -testimg.jpg

可以使用摄像头拍一张照片命名为 testimg.jpg 存储在当前目录中，从而进一步验证摄像头配置是否正确，如图 4-32 所示。

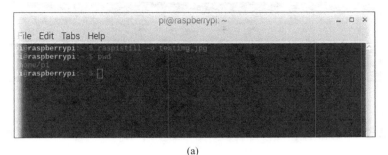

(a)

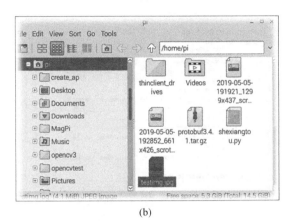

(b)

图 4-32　拍摄照片

4.2.3　OpenCV 的安装与编译

OpenCV 中通过 VideoCapture 类对视频进行读取操作以及调用摄像头，imwirte 函数将当前读取的视频流中的一帧保存为图片，保存的图片进而使用 TensorFlow 进行分类。运行在 Python 2 和 Python 3 上的 OpenCV 的安装方式是不同的，读者可以选择任意一种进行安装。

1. 安装运行在 Python 2 上的 OpenCV

（1）打开树莓派终端执行以下指令：

```
sudo apt-get install libopencv-dev
sudo apt-get install python-opencv
```

（2）在 Python 2 中测试 OpenCV。

在树莓派终端输入 python，按回车键，输入"import cv2"，结果如图 4-33 所示则表示安装成功。

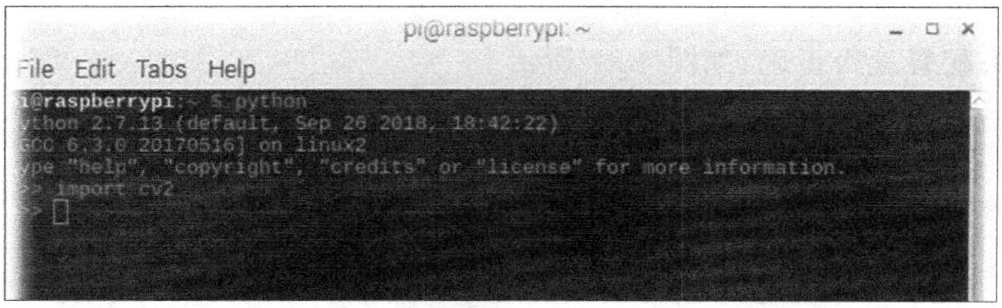

图 4-33 安装测试

（3）通过运行如图 4-34 所示的 shexiangtou.py 程序，可在桌面窗口中显示摄像头的视频。

```
import cv2
import numpy as np
import pickle

cap = cv2.VideoCapture(0)

while True:
    ret,frame = cap.read()
    # Our operations on the frame come here
    #gray = cv2.cvtColor(frame, cv2.COLOR_BGR2GRAY)
    # Display the resulting frame
    cv2.imshow('camera show',frame)
    if cv2.waitKey(1) & 0xFF == ord('q'):
        break
# When everything done, release the capture
cap.release()
cv2.destroyAllWindows()
```

图 4-34 摄像头程序

此程序中，建立一个 VideoCapture 类的对象 cap，参数 0 代表打开摄像头；使用 read 函数读取一帧图像；使用 imshow 函数在名为"camera show"的窗口中显示获取的图像；使用 waitKey 函数控制获取图像的时间间隔，参数 1 代表 1 毫秒；当按 Q 键时退出 while 循环，并销毁对象 cap，关闭窗口。

2. 安装运行在 Python 3 上的 OpenCV

（1）安装 numpy。

在树莓派终端输入命令：

```
sudo pip3 install numpy
```

① "pip install"为 Python 2 安装扩展库的命令，库文件存在"/home/pi/.local/lib/python2.7/site-packages"目录中，其中，.local 是隐藏文件夹，可以通过"ls -a"命令查看。

② "pip3 install"为 Python 3 安装扩展库的命令，库文件存在"/home/pi/.local/lib/python3.5/site-packages"目录中。

（2）在树莓派终端输入命令：

```
sudo raspi-config
```

为了充分利用 SD 卡的空间，首先选择 7 Advanced Options，如图 4-35 所示；然后选择 A1 Expand Filesystem，如图 4-36 所示；最后重启树莓派。

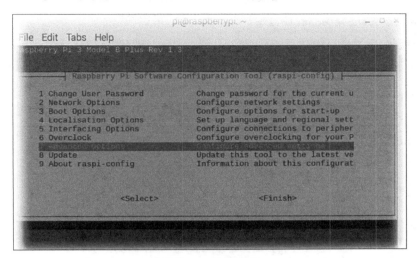

图 4-35　高级选项

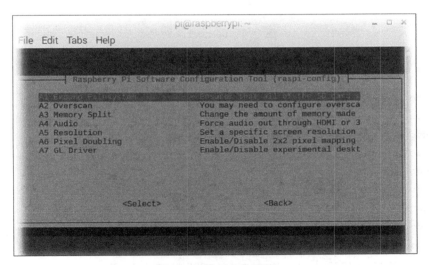

图 4-36　扩展文件系统

（3）在/home/pi（树莓派系统启动时的默认工作目录）目录下创建名称为 opencv3 的文件夹：

```
mkdir opencv3 && cd opencv3
```

（4）下载 opencv3 的源码：

```
wget -O opencv3.zip https://github.com/opencv/opencv/archive/3.4.0.zip
```

（5）下载 opencv3_contrib 源码，这里必须和上面 opencv3 语言保持同一个版本，wget 是下载命令,-O 后面是指定下载下来后文件的名称。

```
wget -O opencv3_contrib.zip
https://github.com/opencv/opencv_contrib/archive/3.4.0.zip
```

（6）下载完成后将文件解压：

```
unzip opencv3.zip
unzip opencv3_contrib.zip
```

opencv3 文件夹的内容如图 4-37 所示。

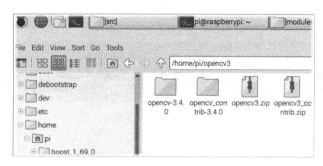

图 4-37　opencv3 文件夹

（7）opencv3 编译前需要一些依赖库。

```
sudo apt-get install build-essential git cmake pkg-config -y
sudo apt-get install libjpeg8-dev -y
sudo apt-get install libtiff5-dev -y
sudo apt-get install libjasper-dev -y
sudo apt-get install libpng12-dev -y
sudo apt - get install libavcodec - dev libavformat - dev libswscale - dev libv4l-dev -y
sudo apt-get -y update
sudo apt-get install libgtk2.0-dev -y
sudo apt-get install libatlas-base-dev gfortran -y
```

（8）生成 makefile。

① 进入 opencv 目录：

```
cd opencv-3.4.0
```

② 新建文件夹名为 release 的文件夹：

```
mkdir release
```

③ 进入 release 文件夹：

```
cd release
```

为了避免编译过程中出现找不到"opencv2/xfeatures2d/cuda.hpp"文件的问题，需要修改 CmakeLists.txt 文件，在"/home/pi/opencv3/opencv-3.4.0/modules/stitching"目录下找到 CMakeLists.txt 文件，在其最后一行添加：

```
INCLUDE_DIRECTORIES("/home/pi/opencv3/opencv_contrib/modules/xfeatures2d/include")
```

④ 通过 cmake 指令生成 makefile：

```
sudo cmake -D CMAKE_BUILD_TYPE=RELEASE \
-D CMAKE_INSTALL_PREFIX=/usr/local \
-D INSTALL_C_EXAMPLES=ON \
-D INSTALL_PYTHON_EXAMPLES=ON \
-D OPENCV_EXTRA_MODULES_PATH=/home/pi/opencv3/opencv_contrib-3.4.0/modules \
-D BUILD_EXAMPLES=ON \
-D WITH_LIBV4L=ON PYTHON3_EXECUTABLE=/usr/bin/python3.5 \ PYTHON_INCLUDE_DIR=/usr/lib/python3.5 \ PYTHON_LIBRARY=/usr/lib/arm-linux-gnueabihf/libpython3.5m.so \
PYTHON3_NUMPY_INCLUDE_DIRS=/home/pi/.local/lib/python3.5/site-packages/numpy/ \
core/include ..
```

- cmake 的所有的语句都写在一个叫作 CMakeLists.txt 的文件中。当 CMakeLists.txt 文件确定后，可以用 ccmake 命令对相关的变量值进行配置。这个命令必须指向 CMakeLists.txt 所在的目录。配置完成之后，应用 cmake 命令生成相应的 makefile。
- 其中，OPENCV_EXTRA_MODULES_PATH 是 opencv_contrib 中 modules 所在位置的路径。
- 一定要注意最后面的两个点不能省略，这两个点指明了 CMakeLists.txt 文件的位置。
- 如果执行了上面的操作以后仍然报错，那么查看一下 opencv-3.4.0 文件夹里是否存在 CMakeCache.txt，该文件是上次 cmake 时候留下的缓存文件，将该文件删除，然后再执行上面的操作，就不会报错了。得到如图 4-38 所示的结果表示 cmake 执行成功。
- 为了避免编译过程中出现"fatal error: boostdesc_bgm.i: No such file or directory"的错误，输入以下指令：

```
git clone -b contrib_xfeatures2d_vgg_20160317 --single-branchhttps://github.com/opencv/opencv_3rdparty.git
```

```
git clone -b contrib_xfeatures2d_boostdesc_20161012 --single-branch
https://git
hub.com/opencv/opencv_3rdparty.git
```

图 4-38 cmake 成功结果

并将下载好的所有的后缀名为".i"的文件复制到/home/pi/opencv3/opencv_contrib-3.4.0/modules/xfeatures2d/src 目录中。

（9）通过 make 指令执行 makefile，编译程序并生成可执行文件。

```
sudo make
```

（10）安装。

```
sudo make install
```

（11）验证是否安装成功，输入"import cv2"，结果如图 4-39 所示即安装成功。

4.2.4 TensorFlow 的下载与安装

1. 树莓派安装 Python 2 版本的 TensorFlow

（1）下载 TensorFlow。

图 4-39 安装验证

```
wget https://github.com/lhelontra/tensorflow-on-arm/releases/
download/v1.14.0/tensorflow-1.14.0-cp27-none-linux_armv7l.whl
```

（2）安装 TensorFlow。

```
sudo pip install tensorflow-1.14.0-cp27-none-linux_armv7l.whl
-i https://pyp i.tuna.tsinghua.edu.cn/simple
```

TensorFlow 在安装时会下载一些库，如果速度较慢可以通过添加"-i"指令更新成其他的下载源（例如清华源：https://pypi.tuna.tsinghua.edu.cn/simple）。

（3）检测是否安装成功。

输入"import tensorflow"，结果如图 4-40 所示即安装成功。

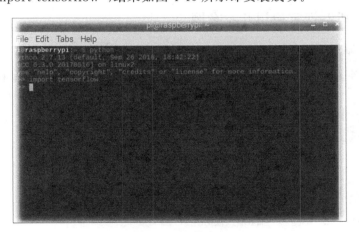

图 4-40 安装验证

2. 树莓派安装 Python 3 版本的 TensorFlow

（1）下载 TensorFlow。

```
wget https://github.com/lhelontra/tensorflow-on-arm/releases/
download/v1.14.0/tensorflow-1.14.0-cp35-none-linux_armv7l.whl
```

（2）安装 TensorFlow。

```
sudo pip3 install tensorflow-1.14.0-cp35-none-linux_armv7l.whl
```

安装 Python 3 版本的 TensorFlow 不需要指定使用清华的源，否则安装过程中会出现问题。

（3）检测是否安装成功。

得到如图 4-41 所示的结果即为安装成功。

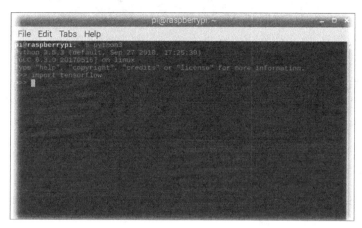

图 4-41　安装验证

4.2.5　机器视觉应用开发案例

1. 树莓派本地图像识别

树莓派本地图像识别基于 TensorFlow 提供的 models 中的 classify_image.py 程序。

1）指定图片识别

（1）下载 models。

```
git clone https://github.com/tensorflow/models.git
```

（2）进入图像分类程序的文件夹。

```
cd models/tutorials/image/imagenet
```

（3）运行程序，首次使用时程序会从互联网下载物体识别模型。

```
python classify_image.py --model_dir /home/pi/tensorflow-related/model
```

其中，"--model_dir"指定模型存放的路径为"/home/pi/tensorflow-related/model"，如图 4-42 所示。classify_image_graph_def.pb 里面存放的是已经训练好的 model 的结果，包括权重 weight 以及图 graph；imagenet_synset_to_human_label_ map.txt 存放的是 label 的 text 内容，与 ImageNet_synset 的对应；imagenet_2012_challenge_label_map_proto.pbtxt 存放的是 ImageNet 2012 全部数据的 UID 与其目标类型 int32。由于没有指定识别图片，因此识别默认的图片 cropped_panda.jpg。

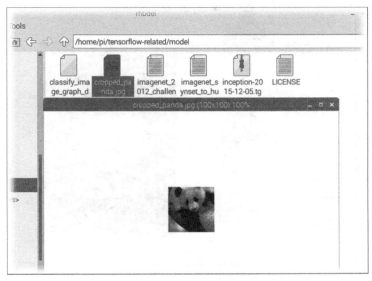

图 4-42　model 文件夹

（4）识别结果如图 4-43 所示，识别为 panda 的概率为 89.1%。

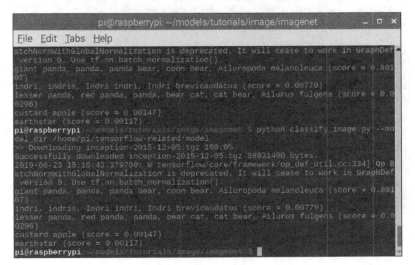

图 4-43　识别结果

（5）如果识别指定图片，使用"--image_file＝"参数指定待图片的存放路径：

```
python classify_image.py --image_file=/home/pi/Pictures/pingpang.jpeg
```

图4-44为指定识别的图片,由图4-45可知识别为乒乓球的概率为94.9%。

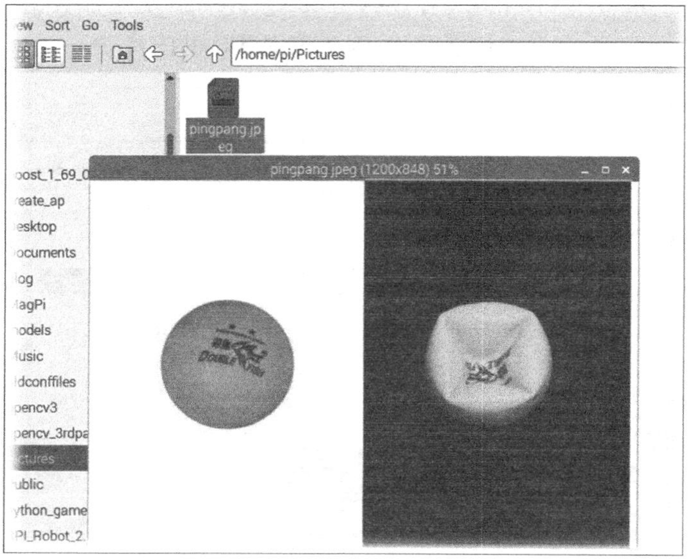

图4-44 待识别的乒乓球图片

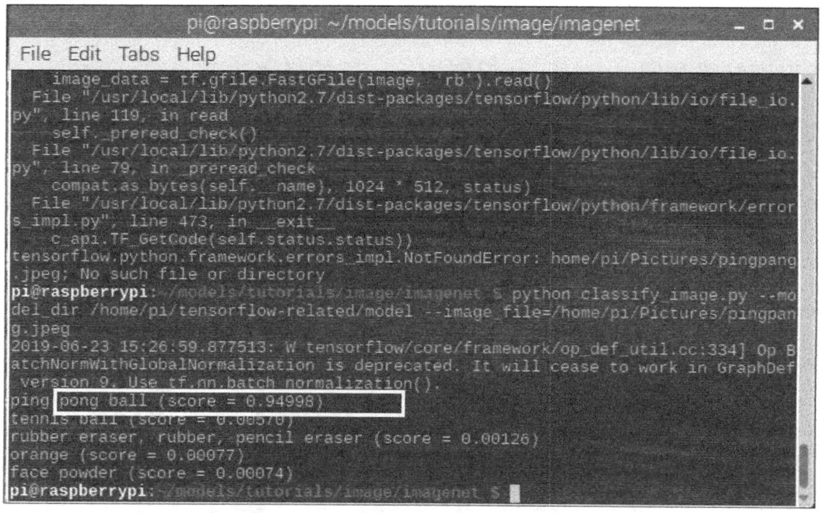

图4-45 识别结果

2) 树莓派摄像头本地识别

为了实时地识别摄像头捕捉到的图像,对classify_image.py做如下修改。

```
from __future__ import absolute_import
from __future__ import division
from __future__ import print_function
```

```python
import argparse
import os.path
import re
import sys
import tarfile
import time, threading

import cv2
import numpy as np
from six.moves import urllib
import tensorflow as tf

#pylint: disable=line-too-long
DATA_URL = 'http://download.tensorflow.org/models/image/imagenet/inception-2015-12-05.tgz'
#pylint: enable=line-too-long


class NodeLookup(object):
  """Converts integer node ID's to human readable labels."""

  def __init__(self,
               label_lookup_path=None,
               uid_lookup_path=None):
    if not label_lookup_path:
      label_lookup_path=os.path.join(
          FLAGS.model_dir, 'imagenet_2012_challenge_label_map_proto.pbtxt')
    if not uid_lookup_path:
      uid_lookup_path=os.path.join(
          FLAGS.model_dir, 'imagenet_synset_to_human_label_map.txt')
    self.node_lookup=self.load(label_lookup_path, uid_lookup_path)

  def load(self, label_lookup_path, uid_lookup_path):
    """Loads a human readable English name for each softmax node.

    Args:
      label_lookup_path:string UID to integer node ID.
      uid_lookup_path: string UID to human-readable string.

    Returns:
    dict from integer node ID to human-readable string.
    """
```

```python
      if not tf.gfile.Exists(uid_lookup_path):
        tf.logging.fatal('File does not exist %s', uid_lookup_path)
      if not tf.gfile.Exists(label_lookup_path):
        tf.logging.fatal('File does not exist %s', label_lookup_path)

      # Loads mapping from string UID to human-readable string
      proto_as_ascii_lines=tf.gfile.GFile(uid_lookup_path).readlines()
      uid_to_human={}
      p=re.compile(r'[n\d]*[ \S,]*')
      for line in proto_as_ascii_lines:
        parsed_items=p.findall(line)
        uid=parsed_items[0]
        human_string=parsed_items[2]
        uid_to_human[uid]=human_string

      # Loads mapping from string UID to integer node ID.
      node_id_to_uid={}
      proto_as_ascii=tf.gfile.GFile(label_lookup_path).readlines()
      for line in proto_as_ascii:
        if line.startswith('  target_class:'):
          target_class=int(line.split(': ')[1])
        if line.startswith('  target_class_string:'):
          target_class_string=line.split(': ')[1]
          node_id_to_uid[target_class]=target_class_string[1:-2]

      # Loads the final mapping of integer node ID to human-readable string
      node_id_to_name={}
      for key, val in node_id_to_uid.items():
        if val not in uid_to_human:
          tf.logging.fatal('Failed to locate: %s', val)
        name=uid_to_human[val]
        node_id_to_name[key]=name

      return node_id_to_name

    def id_to_string(self, node_id):
      if node_id not in self.node_lookup:
        return ''
      return self.node_lookup[node_id]

  def create_graph():
    """Creates a graph from saved GraphDef file and returns a saver."""
```

```python
    #Creates graph from saved graph_def.pb.
    with tf.gfile.FastGFile(os.path.join(
        FLAGS.model_dir, 'classify_image_graph_def.pb'), 'rb') as f:
      graph_def=tf.GraphDef()
      graph_def.ParseFromString(f.read())
      _=tf.import_graph_def(graph_def, name='')

def run_inference_on_image(image):
  """Runs inference on an image.

  Args:
    image: Image file name.

  Returns:
    Nothing
  """
  if not tf.gfile.Exists(image):
    tf.logging.fatal('File does not exist %s', image)
  #image_data=tf.gfile.FastGFile('/home/che/Pictures/test.png', 'rb').read()

  #Creates graph from saved GraphDef.
  create_graph()

  with tf.Session() as sess:
    softmax_tensor=sess.graph.get_tensor_by_name('softmax:0')
    cap=cv2.VideoCapture(0)
    while(1):
      ret, frame=cap.read()
      cv2.imwrite("image.png",frame)
      cv2.imshow('image',frame)
      if cv2.waitKey(1) & 0xFF==ord('q'):
        break
      image_data=tf.gfile.FastGFile("./image.png", 'rb').read()
      predictions=sess.run(softmax_tensor,
                           {'DecodeJpeg/contents:0': image_data})
      predictions=np.squeeze(predictions)

      #Creates node ID -->English string lookup.
      node_lookup=NodeLookup()

      top_k=predictions.argsort()[-FLAGS.num_top_predictions:][::-1]
      score=predictions[top_k[0]]
```

```python
        if score<0.5:
          continue
        else:
          human_string=node_lookup.id_to_string(top_k[0])
          f=open('home\liu\Desktop\result.txt','w')
          print(human_string.split(',')[0])
          f.write(human_string.split(',')[0])          #覆盖数据
          f.close()
#         time.sleep(0.1)
    cap.release()
    cv2.destroyAllWindows()
def maybe_download_and_extract():
  """Download and extract model tar file."""
  dest_directory=FLAGS.model_dir
  if not os.path.exists(dest_directory):
    os.makedirs(dest_directory)
  filename=DATA_URL.split('/')[-1]
  filepath=os.path.join(dest_directory, filename)
  if not os.path.exists(filepath):
    def _progress(count, block_size, total_size):
      sys.stdout.write('\r>>Downloading %s %.1f%%' %(
          filename, float(count * block_size)/float(total_size) * 100.0))
      sys.stdout.flush()
    filepath,_=urllib.request.urlretrieve(DATA_URL, filepath, _progress)
    print()
    statinfo=os.stat(filepath)
    print('Successfully downloaded', filename, statinfo.st_size, 'bytes.')
    tarfile.open(filepath, 'r:gz').extractall(dest_directory)


def main(_):
  maybe_download_and_extract()

  image=(FLAGS.image_file if FLAGS.image_file else
         os.path.join(FLAGS.model_dir, 'cropped_panda.jpg'))
  run_inference_on_image(image)


if __name__=='__main__':
  parser=argparse.ArgumentParser()
  #classify_image_graph_def.pb:
  #   Binary representation of the GraphDef protocol buffer.
  #imagenet_synset_to_human_label_map.txt:
```

```
#   Map from synset ID to a human readable string.
# imagenet_2012_challenge_label_map_proto.pbtxt:
#   Text representation of a protocol buffer mapping a label to synset ID.
parser.add_argument(
    '--model_dir',
    type=str,
    default='home\liu\Desktop ',
    help="""\
    Path to classify_image_graph_def.pb,
    imagenet_synset_to_human_label_map.txt, and
    imagenet_2012_challenge_label_map_proto.pbtxt.\
    """
)
parser.add_argument(
    '--image_file',
    type=str,
    default='',
    help='Absolute path to image file.'
)
parser.add_argument(
    '--num_top_predictions',
    type=int,
    default=5,
    help='Display this many predictions.'
)
FLAGS, unparsed=parser.parse_known_args()
tf.app.run(main=main, argv=[sys.argv[0]]+unparsed)
```

此程序可以在 Linux 或者 Windows 操作系统中运行，代码中斜体的部分为相对于原始的 classify_image.py 文件修改的部分。首先建立 VideoCapture 对象 cap 从视频中捕获图像，使用 imwrite 函数将捕获的图像保存为 image.png，然后使用 FastGFile 函数读取图像数据，通过使用 prediction 函数计算识别结果中最大的识别率，如果识别率小于 50%，则认为识别不准确，进入下一次循环，否则将识别率最高的结果保存在 human_string 当中，由前面所述实验结果（例如：giant panda，panda，panda bear）可知，识别结果往往并不是一个单词，所以通过使用 split 函数只保留识别结果当中的第一个单词（例如：giant panda），并将结果保存在 result.txt 文件中。

2. 基于 C/S 结构的图像识别

C/S 结构，即 Client/Server（客户/服务器）结构，通过将任务合理分配到 Client 端和 Server 端，降低了系统的通信开销，可以充分利用两端硬件环境的优势。C/S 结构能够有效解决树莓派本地识别速度慢的问题。

C/S 结构中智能小车分为两个服务器,第一个是视频服务器,使用 mjpg-streamer 搭建在智能小车上,PC 通过 IP 地址访问智能小车获得摄像头的视频流;第二个是控制命令的传输服务器,PC 作为服务器实现图像识别,通过 TCP 连接将识别结果和控制信息发送给智能小车。

1)在树莓派上安装 mjpg-streamer

(1)下载软件。

```
git clone https://github.com/jacksonliam/mjpg-streamer
```

(2)安装支持库。

```
sudo apt-get install libjpeg8-dev
```

(3)进入 mjpg-streamer 文件夹。

```
cd mjpg-streamer
```

(4)进入 mjpg-streamer-experimental 文件夹。

```
cd mjpg-streamer-experimental
```

(5)修改配置文件。

```
sudo nano plugins/input_raspicam/input_raspicam.c
```

设置分辨率和帧数,帧数在 30fps 比较合适,如图 4-46 所示。

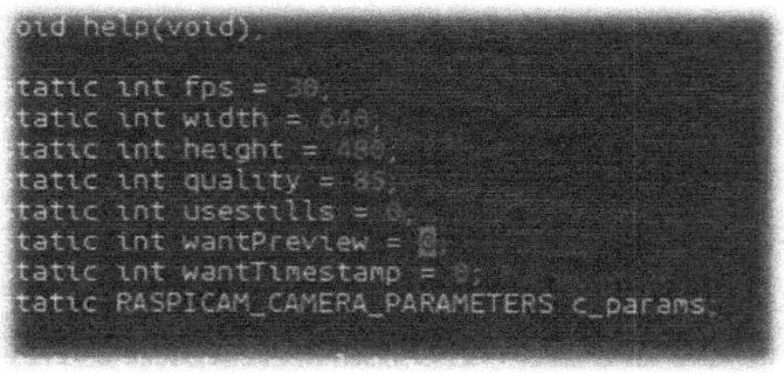

图 4-46 配置文件

(6)设置完成后进行编译。

```
sudo apt-get install cmake
sudo make all
sudo make install
```

(7)开启视频传输 IP 服务器。

```
sudo mjpg_streamer -i "./input_uvc.so -r 640x480 -f 10 -n" -o "./output_http.so -p 8080 -w /usr/local/www"
```

(8)检测是否成功:打开浏览器输入网址。

```
http://<树莓派 IP>:8080/?action=stream
```

例如：

```
http://192.168.12.1:8080/?action=stream
```

可以在浏览器中看到视频表明服务器已经启动。

2）客户端和服务器端程序

客户器端程序如下。

```c
#include <stdio.h>
#include <stdlib.h>
#include <string.h>
#include <unistd.h>
#include <arpa/inet.h>
#include <sys/socket.h>
#include <wiringPi.h>
#include <sys/time.h>
#define Trig    28              //前方超声波传感器
#define Echo    29
#define LeftQ   1               //左轮前进
#define LestH   4               //左轮后退
#define RightH  6               //右轮后退
#define RightQ  5               //右轮前进

void ultraInit(void)
{
    if(wiringPiSetup()==-1)   //when initialize wiring failed,print
                              //messageto screen
    {
        printf("setup wiringPi failed !");
        return 1;
    }
    pinMode(Echo, INPUT);
    pinMode(Trig, OUTPUT);
    pinMode(LeftQ, OUTPUT);
    pinMode(LestH, OUTPUT);
    pinMode(RightQ, OUTPUT);
    pinMode(RightH, OUTPUT);
}

int disMeasure(void)                                  //超声波测距
{
```

```c
    struct timeval tv1;
    struct timeval tv2;
    long start, stop;
    int dis;
    digitalWrite(Trig, LOW);
    delayMicroseconds(2);
    digitalWrite(Trig, HIGH);
    delayMicroseconds(10);                              //发出超声波脉冲
    digitalWrite(Trig, LOW);
    while(!(digitalRead(Echo)==1));
    gettimeofday(&tv1, NULL);                           //获取当前时间
    while(!(digitalRead(Echo)==0));
    gettimeofday(&tv2, NULL);                           //获取当前时间
    start=tv1.tv_sec*1000000+tv1.tv_usec;               //微秒级的时间
    stop=tv2.tv_sec*1000000+tv2.tv_usec;
    dis=(float)(stop-start)/1000*34000/2;    //求出距离,扩大了1000倍,保留精度
    return dis;
}

void error_handling(char * message);

int main(int argc, char * argv[])
{
    int sock;
    struct sockaddr_in serv_addr;
    char message[10];
    int str_len;
    char data[20];
    if (argc !=3)
    {
        printf("Usage: %s <IP><port>\n", argv[0]);
        exit(1);
    }
    sock=socket(AF_INET, SOCK_STREAM, 0);
    if (sock==-1)
        error_handling("sock() error");
    memset(&serv_addr, 0, sizeof(serv_addr));
    serv_addr.sin_family=AF_INET;
    serv_addr.sin_addr.s_addr=inet_addr(argv[1]); //转化为二进制 IP 地址
    serv_addr.sin_port=htons(atoi(argv[2]));      //调整网络字节序
    if(connect(sock, (struct sockaddr *)&serv_addr, sizeof(serv_addr))==-1)
        error_handling("connect() error!");
```

```
    ultraInit();
    while (1)
    {
        sprintf(data, "%d",disMeasure());          //生成字符串
        str_len=write(sock, data, sizeof(data));   //返回字节数,失败返回-1
        if (str_len==-1)
            error_handling("write() error!");
        str_len=read(sock, message, sizeof(message)-1);
        if (str_len==-1)
            error_handling("read() error!");
        else
        {
            if(message[2]==0xBB)
            {
                digitalWrite(LeftQ, HIGH);
                digitalWrite(RightQ, HIGH);        //前进
            }
            if(message[2]==0xAA)
            {
                digitalWrite(LeftQ, LOW);
                digitalWrite(RightQ, LOW);         //停止

            }
        }
    }
    close(sock);
    return 0;
}

void error_handling(char *message)
{
    fputs(message, stderr);
    fputc('\n', stderr);
    exit(1);
}
}
```

服务器端程序如下。

```
#include <stdio.h>
#include <stdlib.h>
#include <string.h>
#include <unistd.h>
```

```c
#include <arpa/inet.h>
#include <sys/socket.h>
void error_handling(char * message);

int main(int argc, char * argv[])
{
    int serv_sock;
    int clnt_sock;
    int dis=0;
    struct sockaddr_in serv_addr;
    struct sockaddr_in clnt_addr;
    socklen_t clnt_addr_size;
    char message[4]={0x22,0x33,0x44,0x55};
    char buff[BUFSIZ];
    char s[10];
    char object[5]={'m','o','u','s','e'};

    if (argc !=2)
    {
        printf("Usage: %s <port>\n", argv[0]);
        exit(1);
    }

    serv_sock=socket(AF_INET, SOCK_STREAM, 0);
    //通过 socket() 函数创建了一个套接字,参数 AF_INET 表示使用 IPv4 地址,SOCK_
    //STREAM 表示使用面向连接的套接字,IPPROTO_TCP 表示使用 TCP
    if (serv_sock==-1)                              //0 成功,-1 失败
        error_handling("sock() error");

    memset(&serv_addr, 0, sizeof(serv_addr));       //每个字节都用 0 填充

    serv_addr.sin_family=AF_INET;                   /* 指定协议族 */
    serv_addr.sin_addr.s_addr=htonl(INADDR_ANY);    /* IP 地址 */
    serv_addr.sin_port=htons(atoi(argv[1]));        /* 端口号 */

    if(bind(serv_sock, (struct sockaddr * )&serv_addr, sizeof(serv_addr))==-1)
        error_handling("bind() error");

    if (listen(serv_sock, 5)==-1)                   /* 请求队列长度为 5 */
        error_handling("listen() error");

    clnt_addr_size=sizeof(clnt_addr);
```

```
        clnt_sock=accept(serv_sock, (struct sockaddr * )&clnt_addr, &clnt_addr
        _size);
        if (clnt_sock==-1)
            error_handling("accept() error");
        while(1)
        {
            read(clnt_sock, buff, sizeof(buff)-1);        //buff 为缓冲区地址,
                                                          //从客户端读取数据
            dis=(atoi(buff))/1000;                        //字符串转整数
            if( dis<20)
            {
                message[2]=0xAA;
            }
            else
            {
                message[2]=0xBB;
                FILE * rf=fopen("/home/liu/Desktop/result.txt","r");
                fscanf(rf,"%s",s);
                fclose(rf);
                if (strcmp(s, object)==0)                 //相等
                    message[2]=0xAA;
                memset(s,0,sizeof(s));
            }
            write(clnt_sock, message, sizeof(message));
        }
        close(clnt_sock);
        close(serv_sock);
        return 0;
    }

    void error_handling(char  * message)
    {
        fputs(message, stderr);
        fputc('\n', stderr);
        exit(1);
    }
```

客户端程序运行在智能小车上,服务器端程序运行在 PC 上,客户端将前方超声波传感器的测量值发送给服务器端,在服务器端进行判断,当距离小于 20,或者 result.txt 中的字符串与定义的 object 字符串值相等,将 message[2] 设置为"0xAA",否则设置为"0xBB",message 发送到客户端以后对 message[2]的值进行判断,如果为"0xAA"则智能小车停止移动,为"0xBB"则控制智能小车前进。识别其他物体可以修改 char object[]的值。程序执行的具体过程如下。

(1) 修改 clsssify_image.py 中的 VideoCapture 的 IP 地址为树莓派的 IP 地址。

```
cap=cv2.VideoCapture('http://192.168.10.1:8080/?action=stream')
```

(2) 在 PC 上运行 clsssify_image.py 程序。

(3) 在 PC 上编译服务器端程序。

```
gcc server.c -o server
```

(4) 执行服务器端程序。

```
./server 端口号
```

(5) 在树莓派上编译客户端程序。

```
gcc client.c -o client
```

(6) 执行客户端程序。

```
./client PC 的 IP 地址 端口号
```

3. 基于百度 SDK 的图像识别

SDK 即"软件开发工具包",一般是一些软件工程师为特定的软件包、软件框架、硬件平台、操作系统等建立应用软件时的开发工具的集合。

本节以百度 SDK 实现物体识别为例。

(1) 在浏览器搜索"百度 AI 开放平台",打开右上角的"控制台",如图 4-47 所示。

图 4-47 百度 AI 开放平台

(2) 选择图像识别模块,如图 4-48 所示。

(3) 选择创建应用,输入应用名称,创建应用服务之后,在管理应用界面可以查看应用的 AppID、API Key 和 Secret Key,如图 4-49 和图 4-50 所示。

第4章 树莓派人工智能应用开发 117

图 4-48 百度智能云界面

图 4-49 创建应用

图 4-50 管理应用

（4）在如图 4-51 所示的技术文档中可以查看不同编程语言的 SDK 的具体使用方法。

图 4-51 技术文档

```
#-*-coding: utf-8-*-
from aip import AipImageClassify
import base64
import cv2
APP_ID='****'
API_KEY='***'
SECRET_KEY='***'
client=AipImageClassify(APP_ID, API_KEY, SECRET_KEY)
"""读取图片 """
cap=cv2.VideoCapture(0)
while True:
    ret,frame=cap.read()
    cv2.imshow('camera show',frame)
    cv2.imwrite('1.jpg',frame)
    with open('1.jpg','rb') as fd:
        image=fd.read()
    print(client.advancedGeneral(image)['result'][0]['keyword'])
    if cv2.waitKey(1) & 0xFF==ord('q'):
        break

cap.release()
cv2.destroyAllWindows()
```

以上代码实现了通过摄像头进行物体识别,首先填写创建应用获得的 AppID、API Key 和 Secret Key,创建物体识别的 client 对象;然后保存摄像头当前帧的图片,使用 client 对象的 advancedGeneral 方法进行物体识别;如果没有按 Q 键,等待 1ms 之后执行下一次循环。

4.3 语音识别应用开发

4.3.1 语音识别开发环境介绍

1. 硬件环境

语音识别应用开发使用了树莓派的 ReSpeaker 双麦克风扩展板,如图 4-52 所示。

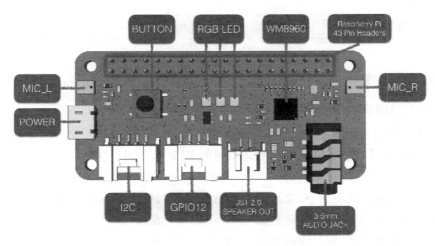

图 4-52　ReSpeaker 2-Mics 硬件排布

(1) 按钮:连接到 GPIO17 的用户自定义按钮。

(2) MIC_L&MIC_R:左边和右边各有一个麦克风。

(3) RGB LED:3 个 APA102 RGB LED,连接到树莓派的 SPI 接口。

(4) WM8960:低功耗立体声编解码器。

(5) Raspberry Pi 40 针头:支持 Raspberry Pi Zero,Raspberry Pi 1 B+,Raspberry Pi 2 B 和 Raspberry Pi 3 B。

(6) POWER:用于为 ReSpeaker 2-Mics Pi HAT 供电的 Micro USB 端口,在使用扬声器时需要为电路板供电,从而提供足够的电流。

(7) I2C:Grove I2C 端口,连接到 I2C-1。

(8) GPIO12:Grove 数字端口,连接到 GPIO12 和 GPIO13。

(9) JST 2.0 SPEAKER OUT:用于连接扬声器,JST 2.0 连接器。

(10) 3.5mm 音频插孔：用于连接带 3.5mm 音频插头的耳机或扬声器。

2. 软件环境

软件环境如表 4-1 所示。

表 4-1 软件环境

系统/软件	版 本 号
PC 系统	10.0.17134.590
SpeechRecognition 版本	3.8.1
树莓派系统	Raspberry Pi reference 2019-04-08
Python 3 版本	Python 3.5.3
Python 2 版本	Python 2.7.13
pip 版本	9.0.1
Sphinx 版本	4.1.0

4.3.2 基本环境的搭建

1. 树莓派的基本配置

开发阶段使用网线将 PC 和树莓派直接连接，也可以将 PC 与树莓派连接至同一手机热点，通过手机或者路由器查看树莓派的 IP 地址。树莓派连接 Wi-Fi 需要更改 Wi-Fi 配置文件"/etc/wpa_supplicant/wpa_supplicant.conf"，在文件中添加 Wi-Fi 名称、密码、加密方式等信息，修改完成之后树莓派可以开机自动连接手机热点。在前期没有连接 PuTTY 时，可以直接在 boot 目录下新建文件 wpa_supplicant.conf，输入 Wi-Fi 配置信息，即可连接 Wi-Fi。配置方式详见 4.2.1 节。

2. ReSpeaker 扩展板的配置

（1）将扩展板的 40 针引脚插入到树莓派对应位置，确保插入的时候 40 个引脚对齐。注意不要在通电的时候热插拔扩展板，防止对扩展板造成损坏。

（2）树莓派与扩展板连接后，使用 VNC Viewer 连接树莓派，更改配置文件 sources.list，切换源到清华源，如图 4-53 所示。

```
sudo nano /etc/apt/sources.list
```

用 # 注释掉原文件内容，用以下内容取代：

```
deb http://mirrors.tuna.tsinghua.edu.cn/raspbian/raspbian/ stretch main non-free contrib
deb-src http://mirrors.tuna.tsinghua.edu.cn/raspbian/raspbian/ stretch main non-free contrib
```

第4章 树莓派人工智能应用开发 121

图 4-53 树莓派与扩展板的连接

(3) 换源后更新，下载驱动并安装。

```
sudo apt-get update
sudo apt-get upgrade
git clone https://github.com/respeaker/seeed-voicecard.git
cd seeed-voicecard          #下载声卡驱动
sudo ./install.sh           #安装声卡驱动
reboot                      #重启
```

(4) 重启树莓派后，检查声卡名称是否与安装的驱动名称相匹配。

使用"aplay -l"列出声卡和音频播放设备以及编号，图 4-54 中共有两个声卡，card 0 为树莓派系统自带声卡，card 1 为扩展板的声卡，名称为 seeed2micvoicec；使用"arecord -l"查看录音设备，card 1 为扩展板声卡。

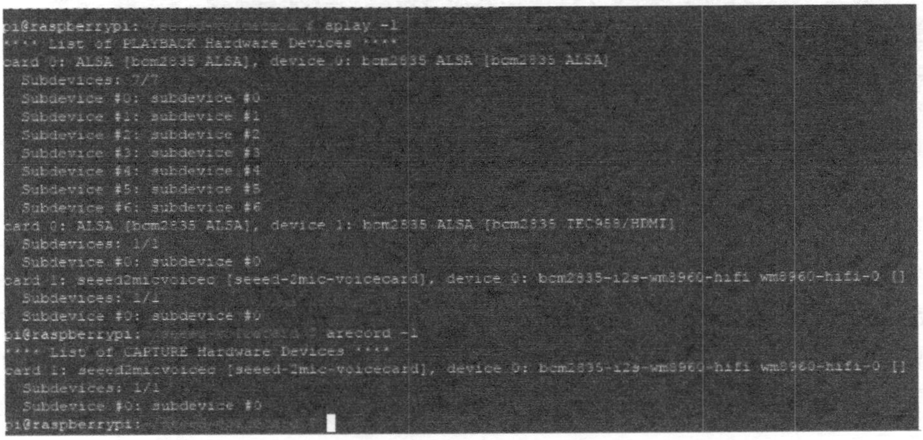

图 4-54 查看树莓派声卡

(5) 声卡确定无误后，进行录音播放测试。将耳机插入扩展板的 3.5mm 插孔内，使用命令"arecord -f cd -Dhw:1 | aplay -Dhw:1"，如图 4-55 所示，然后对着扩展

板的麦克风说话，耳机内可以听到声音。

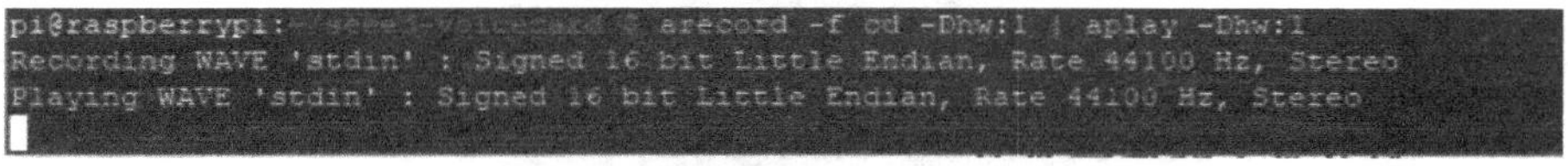

图 4-55　树莓派声卡录播测试

（6）音量调节。使用命令"alsamixer"可以调节使用的 seeed-voicecard 的音量大小。alsamixer 用于配置声音设置和调整音量，是高级 Linux 声音体系结构（ALSA）的图形混音器程序。按 F6 键进入声卡选择界面，选择之前安装的名称为"seed-2mic-voicecard"的声卡，按回车键确认，进入如图 4-56 所示的界面。

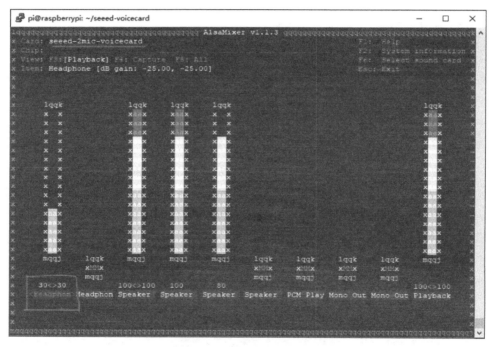

图 4-56　alsamixer 音量配置

选择需要设置的选项，这里选择第一项，也就是麦克风的增益效果，上调至合适的数值，此处调节到 30。设置完成后按 Esc 键退出，戴上耳机即可清楚地听到自己的说话声。声音音量调试完成后，执行命令"sudo alsactl store"，会将 alsamixer 的配置保存在/var/lib/alsa/asound.state 文件中，之后每次启动时会自动加载该配置文件。

经过以上步骤，对 ReSpeaker 进行声卡和声音引擎等的配置，扩展板便可以正常使用。如果在后期调试时发现声卡莫名消失，按照之前的步骤重新安装也无效，则需要先进行卸载重启，再按照步骤安装，如图 4-57 所示。

第4章 树莓派人工智能应用开发　123

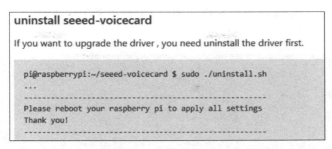

图 4-57　卸载驱动

4.3.3　基于 SDK 的语音识别

本节介绍基于腾讯 SDK 的语音识别。在安装 Python SDK 前，先获取安全凭证，安全凭证包括 SecretID 和 SecretKey。SecretID 用于标识 API 调用者的身份，SecretKey 是用于加密签名字符串和服务器端验证签名字符串的密钥。

在腾讯的开发者账号中申请语音识别的 API，获取的 APPID、SecretID 和 SecretKey 如图 4-58 所示。

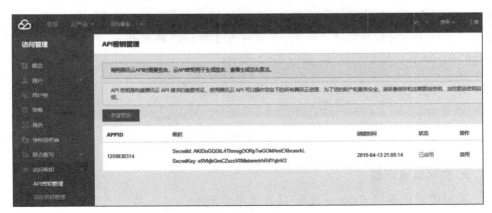

图 4-58　申请 API

选择 pip 安装，将腾讯云 API Python SDK 安装到树莓派中。

```
pip install tencentcloud-sdk-python
```

1．一句话识别

根据一句话识别的开发文档，将一句话识别的 SDK 代码复制下来，命名为 SASRsdk.py，在树莓派中新建文件夹 recog，新建文件 SASRsdk.py，将开发文档中的 SDK 代码复制进去（一句话识别 SDK 文档网站 https://cloud.tencent.com/document/product/441/19815）。之后的测试只需要在测试的 Python 文件中添加

“import SASRsdk”即可导入该 SDK。新建 Python 文件 test.py,输入一些必要的参数等,如图 4-59 所示。

```
# -*- coding:utf-8 -*-
# 引入 SDK
import SASRsdk

# 用户需修改为自己官网的secretid与secretkey
secretKey = 'e9VhjbGmCZszsV0MetxmvtrhR4YqtnV2'
SecretId = 'AKIDuGQGtL4ThmogOORpTwGOMAmEXbcasrkL'

# 识别引擎 8k or 16k
EngSerViceType = '16k'
# 语音数据来源 0:语音url or 1:语音数据 bodydata
SourceType = 1
# 语音数据地址
URI = 'stop.wav'
# URI='https://raw.githubusercontent.com/akw1996/test/master/happy.wav'
# 音频格式 mp3 or wav
VoiceFormat = 'wav'
# 调用 sentVoice 函数获得识别结果
SASRsdk.sentVoice(secretKey, SecretId, EngSerViceType, SourceType, URI, VoiceFormat)
```

图 4-59 test.py 文件内容

其中,SecretID 和 SecretKey 需要更改为自己申请的账号。参数 SourceType 为语音的数据来源,该变量值为 0 时,表示数据来源于 URI,地址为个人的 Github 中音频文件的地址;该值为 1 时表示语音数据来源于本地的录音文件。参数 VoiceFormat 是指音频文件的类型,音频格式可为 mp3 格式和 wav 格式。最后调用 sentVoice 函数获得识别结果,如图 4-60 所示。

```
pi@raspberrypi:      python test.py
sign:  UPBkNGfR0z2d4DYhDadiUivoFSE=
{"Response":{"Result":"STOP. ","RequestId":"a4509c6c-c75a-440d-9069-7a053476e2cf"}}
```

图 4-60 一句话识别结果

2. 实时语音识别

实时语音识别的 Python SDK 目前适用于 Python 2.7,暂不适用于 Python 3,因此使用时需要注意 Python 版本。根据实时语音识别的开发文档,将实时识别的 SDK 代码复制下来,命名为 SASRsdk.py;在树莓派中新建文件夹 recog_now,新建文件 SASRsdk.py,将 SDK 代码复制进去(https://cloud.tencent.com/document/product/441/19812);新建 Python 文件 testnow.py,输入一些必要的参数等,如图 4-61 所示。

engine_model_type 参数:可以在树莓派上使用“aplay 文件名”播放录音文件,播放时会显示该参数,一般为 16k_0。res_type 是指结果返回方式,0 为同步返回,1 为尾包返回,此处使用同步返回。result_text_format 用于识别结果文本编码方式,0 为 UTF-8,此处设置参数为 0。voice_format 指语音编码方式,1 为 wav 格式,此处设置为 1。此外还需要更改语音切片长度的参数为合适的数值,此处调整为 200000。

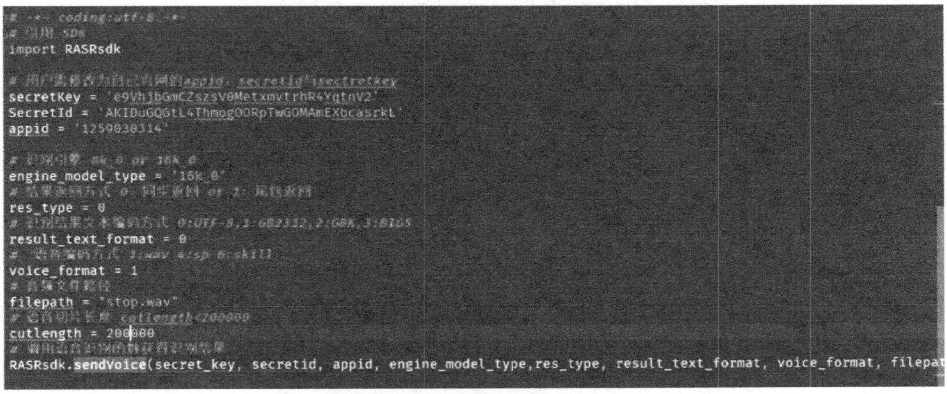

图 4-61　实时语音识别 testnow.py 文件

运行实时语音识别的 Python 文件,如果返回提示信息"成功",说明识别成功,并会在最后的参数"text"中返回识别的内容,如图 4-62 所示。

图 4-62　实时语音识别结果

4.3.4　本地语音识别

1. 英文离线识别

首先安装必要的依赖库,否则后期安装过程中会出现一些依赖库缺失的问题。依赖库的安装命令如下:

```
sudo apt-get install python3-dev
sudo apt-get install libevent-dev
audo apt-get install libpulse-dev
```

在 Python 的语音识别包中,有许多选择,一些软件包(如 wit 和 apiai)除了基本的语音识别功能之外,还可以识别说话人意图。在这些语音包中,SpeechRecognition 就因使用方便脱颖而出。识别语音需要输入音频,而在 SpeechRecognition 中检索音频输入是非常简单的,使用时只需要很短的时间就可以完成检索并运行,并且不需要构建访问麦克的脚本和从头开始处理音频文件的脚本。也就是说,在需要使用麦克风时,相比于其他的语音包,它更加方便。

使用 pip3 的命令,安装 Python 3 版本的 SpeechRecognition 和 PocketSphinx。安装 Python 3 版本是因为 Python 3 版本的安装是一体化的,某些包的安装不会分开,而 Python 2 的包则需要分开安装,麻烦而且烦琐,会出现很多依赖库的缺失问题。

(1) 安装 SpeechRecognition，如图 4-63 所示。

```
pi@raspberrypi: ~ $ pip3 install speechrecognition
Collecting speechrecognition
  Downloading https://files.pythonhosted.org/packages/26/e1/7f5678cd94ec1234269d
23756dbdaa4c8cfaed973412f88ae8adf7893a50/SpeechRecognition-3.8.1-py2.py3-none-an
y.whl (32.8MB)
    100% |████████████████████████████████| 32.8MB 6.6kB/s
Installing collected packages: speechrecognition
Successfully installed speechrecognition-3.8.1
```

图 4-63　SpeechRecognition 的安装

(2) 安装完成后，进入 Python 3，通过查看 SpeechRecognition 的版本来验证是否安装成功，如图 4-64 所示。

```
pi@raspberrypi: ~ $ python3
Python 3.5.3 (default, Sep 27 2018, 17:25:39)
[GCC 6.3.0 20170516] on linux
Type "help", "copyright", "credits" or "license" for more information.
>>> import speech_recognition as sr
>>> sr.__version__
'3.8.1'
>>>
```

图 4-64　查看 SpeechRecognition 的版本

(3) 第一次安装 PocketSphinx 时需要对 pip 进行更新，更新命令如下。

如果使用的是 Python 2：python -m pip install --upgrade pip。

如果使用的是 Python 3：python3 -m pip install --upgrade pip。

若直接更新不成功，则需要加上 sudo 执行。更新完成后，使用 sudo 命令安装 PocketSphinx。

```
sudo pip3 install pocketsphinx
```

(4) 如果 SpeechRecognizer 需要访问麦克风，则因为它依赖于 PyAudio 软件包，所以需要提前使用 sudo apt-get 命令安装。

```
sudo apt-get install python-pyaudio python3-pyaudio
```

(5) PyAudio 安装后，对其进行测试，最后会出现测试成功提示"Say something!"，如图 4-65 所示。

(6) 实现离线的语音识别，需要调用声卡的麦克风，因此需要创建 Microphone 类，也就是 Python 的识别容器类。输入命令 python3，进入 Python 解释器，输入以下命令。

```
import speech_recognition as sr
r=sr.Recognizer()
mic=sr.Microphone()
```

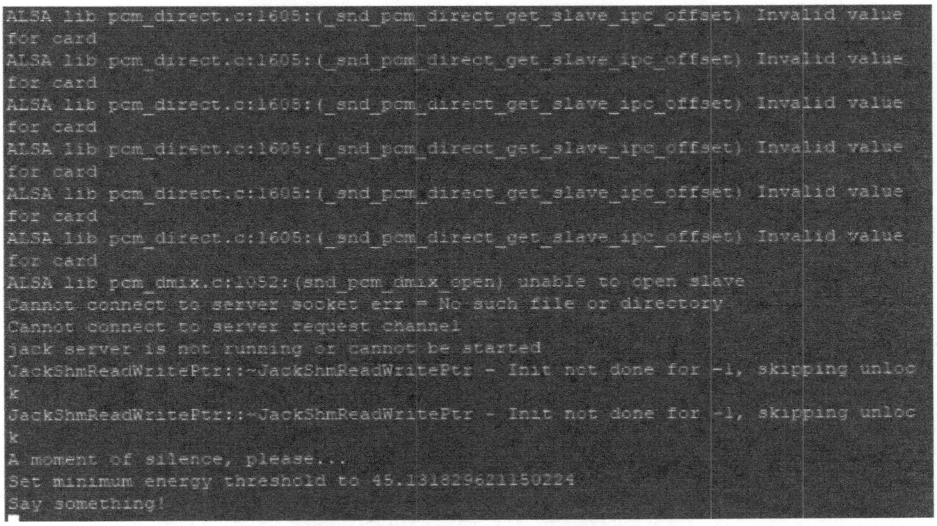

```
ALSA lib pcm_direct.c:1605:(_snd_pcm_direct_get_slave_ipc_offset) Invalid value
for card
ALSA lib pcm_direct.c:1605:(_snd_pcm_direct_get_slave_ipc_offset) Invalid value
for card
ALSA lib pcm_direct.c:1605:(_snd_pcm_direct_get_slave_ipc_offset) Invalid value
for card
ALSA lib pcm_direct.c:1605:(_snd_pcm_direct_get_slave_ipc_offset) Invalid value
for card
ALSA lib pcm_direct.c:1605:(_snd_pcm_direct_get_slave_ipc_offset) Invalid value
for card
ALSA lib pcm_direct.c:1605:(_snd_pcm_direct_get_slave_ipc_offset) Invalid value
for card
ALSA lib pcm_dmix.c:1052:(snd_pcm_dmix_open) unable to open slave
Cannot connect to server socket err = No such file or directory
Cannot connect to server request channel
jack server is not running or cannot be started
JackShmReadWritePtr::~JackShmReadWritePtr - Init not done for -1, skipping unloc
k
JackShmReadWritePtr::~JackShmReadWritePtr - Init not done for -1, skipping unloc
k
A moment of silence, please...
Set minimum energy threshold to 45.131829621150224
Say something!
```

图 4-65 PyAudio 安装测试

现在使用的是系统默认的麦克风，而树莓派没有自带的麦克风，要使用扩展板的麦克风则需要通过查找设备索引来指定要使用的麦克风。可通过调用 Microphone 类的 list_microphone_names()函数获取麦克风名称列表，如图 4-66 所示。

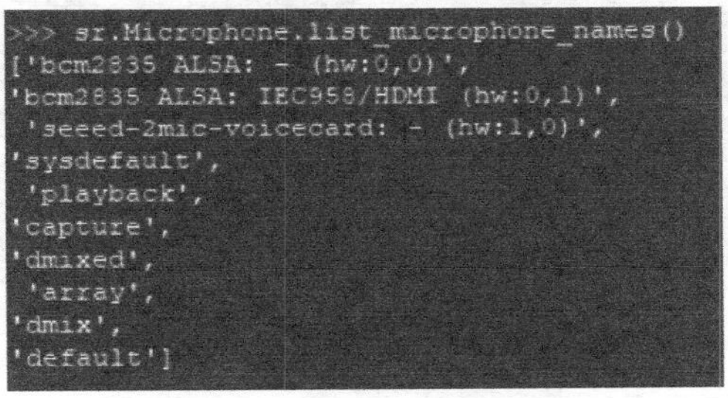

```
>>> sr.Microphone.list_microphone_names()
['bcm2835 ALSA: - (hw:0,0)',
'bcm2835 ALSA: IEC958/HDMI (hw:0,1)',
 'seeed-2mic-voicecard: - (hw:1,0)',
'sysdefault',
 'playback',
'capture',
'dmixed',
 'array',
'dmix',
'default']
```

图 4-66 麦克风名称列表

list_microphone_names()函数的作用是返回麦克风设备的名称以及索引。在上面的输出中，如果要使用名为“seeed-2mic-voicecard”的麦克风，则因为该麦克风在列表中索引为 2，所以可以如下创建麦克风实例。

```
mic=sr.Microphone(device_index=2)          //根据自己使用的麦克风更改索引号
```

(7) 新建文件夹，新建 Python 文件，写入如图 4-67 所示的内容，并在同一文件夹内加入 happy.wav 录音文件，进行本地录音文件的识别。

(8) 运行测试文件，得到如图 4-68 所示的结果。

(9) 经过以上测试，初步测试出离线端录音文件的英文识别。接下来调用扩展板的麦克风，进行麦克风调用的英文识别。新建 Python 文件，命名为 lis.py，写入如

```python
#!/usr/bin/env python3
# 这个例子需要使用 PyAudio因为他使用了Microphone类
import speech_recognition as sr
# obtain audio from the microphone
# 定义SpeechRecognition对象并获取音频文件（happy.wav）中的数据
r = sr.Recognizer()
harvard = sr.AudioFile('happy.wav')
with harvard as source:
    audio = r.record(source)
# 使用CMU Sphinx引擎去识别音频
try:
    print("Sphinx thinks you said: " + r.recognize_sphinx(audio))
except sr.UnknownValueError:
    print("Sphinx could not understand audio")
except sr.RequestError as e:
    print("Sphinx error; {0}".format(e))
```

图 4-67　离线英文录音文件识别

```
pi@raspberrypi:~/123 $ sudo nano ce.py
pi@raspberrypi:~/123 $ python3 ce.py
Sphinx thinks you said: happy
pi@raspberrypi:~/123 $
```

图 4-68　离线英文识别结果

图 4-69 所示内容。

```python
import speech_recognition as sr
# obtain audio from the microphone
r = sr.Recognizer()
#mic = sr.Microphone(device_index=2)
# 麦克风的id号，根据需要选择
mic = sr.Microphone()

with mic as source:
    r.adjust_for_ambient_noise(source)
    print("Say something!")
    audio = r.listen(source)
# 使用CMU Sphinx引擎去识别音频
try:
    print("Sphinx thinks you said: " + r.recognize_sphinx(audio))
except sr.UnknownValueError:
    print("Sphinx could not understand audio")
except sr.RequestError as e:
    print("Sphinx error; {0}".format(e))
```

图 4-69　离线实时识别文件

(10) 在非 root 用户下运行，会出现如图 4-70 所示的提示，此时使用 root 用户权限。进入 root 用户后，虽然仍出现该提示，但调用麦克风进行识别正常显示，识别结果如图 4-71 所示。

```
Cannot connect to server socket err = No such file or directory
Cannot connect to server request channel
jack server is not running or cannot be started
```

图 4-70　jack 服务警告

2. 中文离线识别

在英文识别的基础上进行中文识别，要将识别引擎中的英文识别包换成中文语言包。在树莓派的目录/usr/local/lib/python3.5/dist-packages/speech_recognition/pocketsphinx-data 中，仅有一个英文识别的语言包，因此需要在 CMU Sphinx 语音

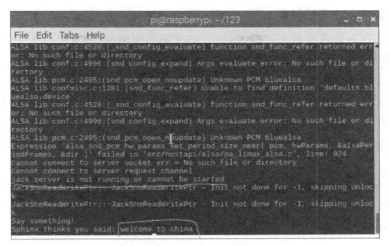

图 4-71　实时识别结果

识别工具包里面下载对应的普通话声和语言模型,将 en-US 语言包替换为需要的中文语言包。

(1) 进入 CMU Sphinx 官网 https://sourceforge.net/projects/cmusphinx/files/Acoustic%20and%20Language%20Models,下载如图 4-72 所示的 Mandarin 文件夹下的三个文件。

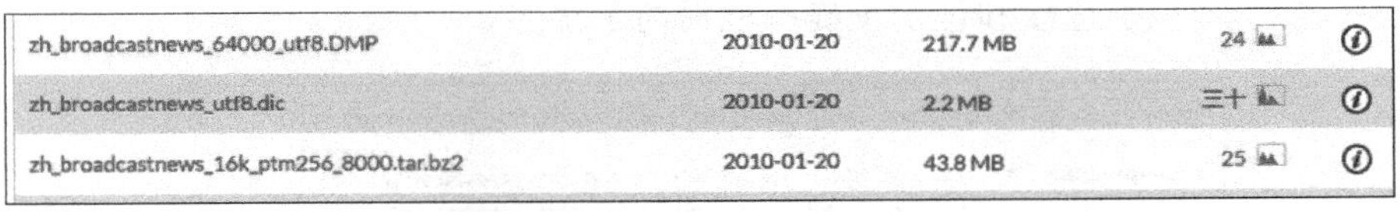

图 4-72　Mandarin 文件夹结构

(2) 新建文件夹,命名为 en-US。

(3) 解压 zh_broadcastnews_16k_ptm256_8000.tar.bz2 文件,解压后得到 zh_broadcastnews_ptm256_8000 文件夹,将其改名为 acoustic-model,放入 en-US 中。

(4) 把 pronounciation-dictionary.dic 后缀名改为 dict,放入 en-US 中。该文件中存放了中文语言包的拼音字典。

(5) 将名称为 zh_broadcastnews_64000_utf8.DMP 的 DMP 文件转换成 language-model.lm.bin。关于这个文件的转换,官网的 pocketsphinx.rst 文件写得很详细,在树莓派里,按照步骤,进行转换,直接复制上面的命令,根据系统提示安装相应的包,按照提示的包名直接进行安装,经过转换最后得到 chinese.lm.bin,将其改名为 language-model.lm.bin,放入 en-US 中。

(6) 用更改后的 en-US 文件夹替换掉之前的英文语言包,进行语音测试,最终成功显示识别出的中文汉字。

3. 改进的中文离线识别

由于官方的语言模型文件很大，导致中文识别速率慢，因此可以根据需要制作语料库，从而缩减模型库的大小，进一步减少延迟时间。

制作语料包的方法有两种。第一种是编写.txt 文件，然后利用 CMU Sphinx 官方的在线工具生成 *.dic 和 *.lm 文件。第二种是编写.txt 文件，在终端手动生成 *.dic 和 *.lm 文件。这两种方法比较建议使用前者，因为操作起来会更加方便，而在终端手动写文件的要求非常严格，不允许有任何格式错误，所以不容易生成正确有效的文件。

创建一个 *.txt 文件，在该文件里添加需要识别的一些语句，如一些命令（前进、后退、左转、右转、跳舞、太极拳等）。保存退出之后，登录 http://www.speech.cs.cmu.edu/tools/lmtool-new.html，单击"选择文件"，选择刚才的 txt 文件，单击下方按钮进行转换，网站会自动跳转界面，生成一个语料压缩包。

语料包解压后共有五个文件，如图 4-73 所示。其中需要使用的是 *.lm 文件和 *.dic 文件，下载的 dic 文件只有文字，没有拼音。接下来是非常重要的一步：在终端打开压缩包中的 dic 文件，在每行语句后面添加相应的拼音，如图 4-74 所示，这些命令的拼音要在之前官方给出的 zh_cn.dic 里面进行查找。这项工作必不可少，如果不加拼音，会发现程序运行后识别没有输出结果。同时需要注意，由于 Windows 和 Linux 环境下编码格式的问题，添加拼音需要在 Linux 环境下进行。当程序运行成功之后，会发现识别速度和识别正确率就提高了很多。

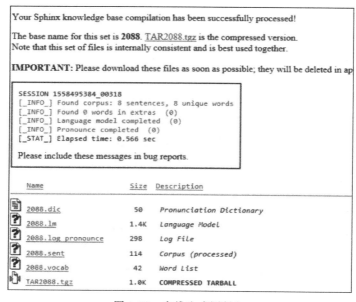

图 4-73 在线生成语料包

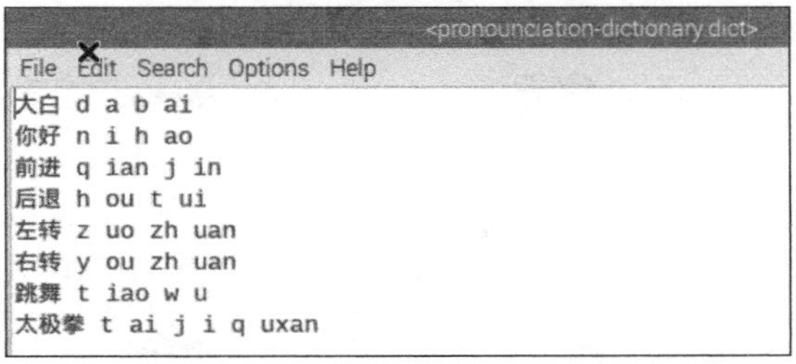

图 4-74　给 dic 文件加拼音

在制作语料库时,如果发现在 PC 端制作的 * .lm 文件和 * .dic 文件传入树莓派后,打开文件时中文指令会显示乱码,则可以直接在树莓派端使用 VNC Viewer 软件显示树莓派的桌面,利用树莓派桌面端直接进入 CMU 官网进行语言文件的生成,这样就不会出现乱码问题。